中等职业技术学校农林牧渔类

养殖专业教材

GUOJIA JI ZHIYE JIAOYU GUIHUA JIAOCAI

羊生产

人力资源和社会保障部教材办公室　组织编写

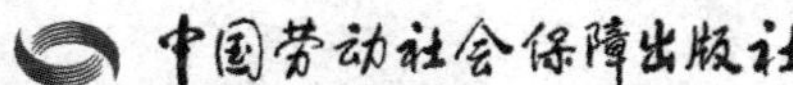

图书在版编目(CIP)数据

羊生产/解志峰主编. —北京：中国劳动社会保障出版社，2011
中等职业技术学校农林牧渔类——养殖专业教材
ISBN 978-7-5045-9177-7

Ⅰ.①羊…　Ⅱ.①解…　Ⅲ.①羊-饲养管理-中等专业学校-教材　Ⅳ.①S826

中国版本图书馆 CIP 数据核字(2011)第 137109 号

中国劳动社会保障出版社出版发行

(北京市惠新东街 1 号　邮政编码：100029)

出 版 人：张梦欣

*

国铁印务有限公司印刷装订　新华书店经销

787 毫米×1092 毫米　16 开本　9.25 印张　196 千字

2011 年 7 月第 1 版　　2021 年 12 月第 3 次印刷

定价：16.00 元

读者服务部电话：(010) 64929211/84209101/64921644

营销中心电话：(010) 64962347

出版社网址：http://www.class.com.cn

http://jg.class.com.cn

前　言

为深入贯彻落实《国家中长期人才发展和规划纲要（2010—2020 年）》和《国家中长期教育改革和发展规划纲要（2010—2020 年）》精神，适应建设社会主义新农村、加快发展现代农业的需要，加大培养适应农业和农村发展需要的专业人才力度，人力资源和社会保障部教材办公室组织了一批教学经验丰富、实践能力强的教师与行业专家，在充分调研、讨论专业设置和课程教学方案的基础上，编写了农林牧渔类相关专业系列教材，共涉及种植、养殖、农机使用与维修、农村经济管理、农村能源开发与利用等专业，将于 2011—2012 年陆续出版。

本套教材具有以下特点：

第一，以满足农业生产为主导方向，以培养学生实践能力为基本原则，在合理确定学生应具备的能力结构与知识结构基础上，对教材内容的深度、广度进行了科学设计，并突出了实践性教学内容。

第二，根据农村经济和农业技术发展的趋势，尽可能多地在教材中充实新理念、新知识、新方法和新设备等方面的内容，力求使教材具有鲜明的时代特征，满足新农村建设的需要。

第三，在教材的表现形式上，尽可能多地采用图片、实物照片或表格等将知识点、技能点生动地展示出来，力求给学生创造一个更加直观的认知环境。

本套教材的编写得到了黑龙江省人力资源和社会保障厅以及黑龙江技师学院、黑龙江第二技师学院、哈尔滨技师学院、佳木斯职教集团、哈尔滨劳动技师学院、中国一重技师学院、黑龙江机械制造高级技工学校哈尔滨分校、五大连池技工学校、黑龙江农业职业技术学院、黑龙江农业工程职业学院等一批技工院校和职业院校的大力支持，教材编审人员做了大量的工作，在此，我们表示衷心的感谢！同时，恳切希望广大读者对教材提出宝贵的意见和建议。

人力资源和社会保障部教材办公室

2011 年 7 月

农林牧渔专业教材编委会

本书编审人员

主　　编　解志峰
副 主 编　邬立刚、刘大伟
参　　编　刘志健、孙凡花
主　　审　曹　铁

简　介

本书为国家级职业教育规划教材。主要内容包括：羊的品种、生物学特性及生态适应性，羊场建筑与设备，羊的营养需要与饲料，羊的繁殖技术，羊的饲养管理，羊生产的主要产品，羊的常见病防治等。在编写过程中，注重淡化理论，体现实践技术，以培养学生解决羊生产中的实际问题为主要出发点，便于学校教学的开展。

本书由解志峰任主编，邬立刚、刘大伟任副主编，刘志健、孙凡花参与编写。其中解志峰编写第一、三、四、五章，邬立刚编写绪论、第七章，刘大伟编写第六章，刘志健编写第二章，孙凡花编写实训部分。全书由解志峰统稿，曹铁主审。

目　录

绪　论

养羊业是畜牧业的重要组成部分。我国养羊业的历史悠久，绵羊、山羊品种资源丰富，羊的数量及羊产品产量均为世界第一。养羊业生产与人民生活水平的关系十分密切。在广大的农村、牧区及城市郊区，发展养羊业有巨大的潜力。随着科学技术的进步和社会的发展，特别是最近50多年来，中国养羊业发展迅速，成就显著，但与养羊业发达的国家相比，在品种良种化和集约化饲养，以及产、加、销一体化经营等方面，仍存在差距。

一、养羊业在国民经济中的地位和作用

1. 改善膳食结构，满足生活需要

羊肉营养价值很高，是我国人民喜欢食用的肉食之一。绵羊、山羊繁殖速度比较快，达到可食用期较早，所以在广大的草原牧区，牧民消费的肉品以羊肉为多。除信奉伊斯兰教的民族消费的肉品以牛肉、羊肉为主外，近些年来，我国的大、中城市羊肉的市场需求量也很大，消费量急剧上升。

羊毛（绒）是纺织工业的重要原料，用途很广，如制绒线、毛毯、地毯、呢绒及其他精纺织品等。毛织品美观大方，保暖耐用，具有其他织品所不及的优点。羊皮保暖力强，是冬季寒冷地区人民御寒的佳品。滩羊和中卫山羊的二毛皮轻暖美观，一直为广大人民所喜爱；湖羊羔皮、济宁青山羊猾子皮、卡拉库尔羔皮、青海贵德紫羔皮等花案奇特、美丽悦目，是制作皮帽、皮领及外套的良好原料；用绵羊、山羊板皮加工制作的各式皮夹克更是当前广大青年人所喜爱的富有时代特色的衣着之一。

羊奶（主要是山羊奶）是我国奶品供应的重要来源之一，在许多草原牧区，还是牧民生活中不可缺少的重要食品。由于山羊奶中的脂肪球比牛奶的小，因此，容易被人体消化吸收，是老年人、体弱者和病人及婴儿的良好营养品。同时羊奶还可以加工制成乳酪、炼乳、酸奶、奶粉等，对满足人民群众的不同需要，增进人民的健康也有很大的益处。

2. 提供工业原料，促进工业发展

羊毛（绒）、羊肉、羊皮、羊奶、羊肠衣等是毛纺工业、食品工业、制革工业以及化学工业的重要原料，随着工业技术的进步，羊产品可以加工成更多、更高级的产品。养羊业的发展直接关系到相关工业的发展。

3. 节粮型畜牧业，解决人、畜争粮矛盾

粮食问题是保证一个国家稳定的最基本的问题。人畜争粮的矛盾在我国显得尤为突出。解决这一矛盾的有效办法就是大力发展节粮型畜牧业，充分发挥草食家畜的生产能力。羊是反刍家畜，由于特殊的消化系统和生理机能有极强的粗纤维分解能力，发展养羊业可将秸秆等粗饲料过腹转化成动物产品。同时，还可以增加有机肥，减少或不使用化肥，促进无公害食品发展。

二、我国养羊业现状与发展趋势

1. 我国养羊业生产的现状和水平

在全国32个省、市、自治区中都有羊的分布。绵羊的分布由于受到生物学特性和生态环境条件的影响，没有山羊分布的范围广。

存栏总数中，年存栏量在4 000万只以上的省、区有内蒙古自治区和新疆维吾尔自治区，年存栏量在3 000万只以上的有河南省、山东省和河北省，年存栏量在1 000万～2 000万只及以下的有西藏自治区、青海省、四川省、甘肃省和山西省。饲养绵羊最多的省、区有新疆维吾尔自治区、内蒙古自治区和青海省，饲养山羊最多的省、区有河南省、山东省和内蒙古自治区。

2. 现阶段养羊业存在的主要问题

（1）分散饲养，观念落后，管理粗放。目前，在我国的农村牧区，绵羊、山羊基本上实行分散饲养。在牧区，养羊作为牧民谋生的一项重要产业，饲养规模一般较农区的大，对主要生产环节的组织和羊群的饲养管理比较重视，但由于生态经济条件的制约，饲养管理和经营方式比较粗放，不少地区至今仍未摆脱“靠天养畜”的传统饲养观念和方法，畜舍简陋，设施落后，饲养管理粗放，农牧民科技文化素质低，信息不灵通，市场观念差，普及推广先进实用的科学技术较为困难等，仍然是当前制约我国养羊业迅速发展提高的障碍。另外，由于养羊业分散经营，管理粗放，饲养水平参差不齐，疫病很难得到控制，因而养羊业产品在质量和安全卫生等方面很难达到较高水平并得到保证，这就削弱了产品在国内、国际市场的竞争力，制约了我国养羊业生产持续、健康的发展。

（2）羊群体品质差，生产水平低。近50多年来，尽管我国在引入国外优良品种、开展杂交改良、培育新的高生产力绵羊和山羊品种及选育提高地方良种方面，做了大量的工作，取得了显著的成绩，但时至今日，我国绵羊、山羊业中的良种化程度依然不高，养羊业的总体生产水平和产品质量受到很大影响。在养羊业发达的国家，基本上实现了品种良种化、天然草场围栏化，以及饲料生产工厂化、产业化，主要生产环节机械化，并广泛利用牧羊犬，因而整个养羊业生产水平和劳动生产率相当高。

（3）天然草场严重退化，草畜矛盾尖锐。近20多年来，中国农村牧区随着家庭联产承包责任制和草、畜双承包制的贯彻落实，极大地调动了广大农牧民发展畜牧业生产的积极

性，羊、牛等家畜数量迅速增长，收入显著增加，生活水平明显提高。但是，依靠天然草场和草山、草坡放牧饲养绵羊和山羊，至今仍然是中国很多地区饲养的主要方式。天然草场的情况直接影响着绵羊、山羊的营养状况、生长发育、繁殖力和生产性能。然而，近些年来，由于人口增加，畜群增加，对草地建设投入严重不足，重用轻养，放牧过度，长期超载，乱挖和鼠虫害严重破坏，加之全球气候变暖，持续干旱，重粮轻草，毁草种粮，致使天然草场退化严重。如目前我国沙化、退化、盐渍化的草场已达1.35亿平方公顷，这不仅严重地影响了农牧民的生产和生活，而且还成为近几年来北方地区连续出现沙尘暴和黄河多次断流的重要原因之一。

（4）产销体制尚未理顺，羊毛生产处于困境。经过几十年的努力，我国的羊毛在结构组成和品质提高方面都取得了很大的成绩，但在羊毛长度、细度及其均匀度、光泽、弯曲、净毛率及净毛量等方面，特别是与澳毛相比，还有很大差距。近几年来，我国的羊毛价格，特别是细羊毛价格不合理，在许多地区1 kg细羊毛价格不如1 kg羊肉价格，加上受到大批量进口外毛的冲击，毛肉比价严重倒置，挫伤了饲养户饲养毛用羊的积极性，使许多地区绵羊选育提高和杂交改良工作进展缓慢，有的甚至后退了。特别是2004年羊毛的关税配额管理被取消后，进口羊毛对我国羊毛生产冲击进一步加大，同时，我国现阶段绵羊毛的收购方法缺乏科学性、客观性，流通领域中间环节多，加上某些不良社会风气的影响，使一部分羊毛生产者、经营者有空子可钻，在羊毛中掺杂使假，造成了毛纺工业界对国产羊毛不好的印象。由于上述种种原因，我国的羊毛生产特别是细羊毛的生产不断滑坡，处于困境。

3. 我国养羊业的发展趋势

（1）从以羊毛为主转向以肉为主，毛、皮全面发展转化。由于化学纤维产量、品种的迅速增加，以及纺织设备和纺织工艺技术水平的提高，在世界纺织原料中，羊毛的需求量及其所占比重下降；由于羊肉具有丰富的营养和低胆固醇含量，因而在肉食品消费中需求量迅速增加；由于食品冷藏和运输技术的不断发展，肉品可以比较长期地储藏和远距离运输；由于国际市场上高质量的羊毛产量较多，加工利用企业对其价格也能接受等原因，近些年来，很多国家的绵羊业生产方向已由过去单纯的毛用改为肉毛兼用或完全肉用。在发展肉用或肉毛兼用养羊业中，许多养羊业发达的国家主要采取的措施有：培育专门化肉羊新品种（或新品系）；建立和健全良种繁育及杂交利用体系；利用专门化肉羊品种，或肉羊品种公羊与低产母羊杂交，发展肥羔生产，或利用一部分细毛母羊与肉用品种公羊杂交，发展肥羔生产，多向利用细毛羊资源；实行草原地区繁殖、农区育肥，农牧结合的合理布局；研究和实施集约化肉羊生产所必须的繁殖控制技术、杂交利用制度、饲养标准、饲粮配方、农副产品及粗饲料的加工利用技术，以及工厂化、半工厂化条件下生产肉羊的配套设施、饲养管理工艺和疫病防治措施等。因此，在我国多数地区的生态经济条件下，应当借鉴国外的经验，适应世界养羊业的发展趋势和国内外市场对羊肉日益增长的要求，大力发展我国的肉用羊或肉毛兼用羊。

（2）加快发展奶山羊业。与牛奶相比，每千克山羊奶的热量一般要高200 kJ；羊奶中脂肪含量为 3.6%～5.5%，以脂肪球的形式存在于奶中，脂肪球的直径平均为 2 μm 左右，而牛奶的脂肪球直径为 3～4 μm；羊奶中蛋白质含量约为 3.5%，与牛奶近似，但在羊奶中，酪蛋白含量低，乳清蛋白含量高，与人奶近似；同时，羊奶富含维生素和矿物质。因此，羊奶营养丰富，品质好，消化率高，特别适合婴幼儿、病人及老年人饮用。但是，羊奶有膻味，要解决好羊奶的脱膻问题，才能使其走向市场，拓宽发展前景。饲养奶山羊，以优质青粗饲料或青干草为主，只需补饲少量混合精料，投资小，易饲养，可以不占主要劳动力，见效快，被称为“农家的奶牛”。我国现有奶山羊 400 余万只，年生产奶 800 余万吨，主要分布在山东、陕西、河南、河北、山西、黑龙江和辽宁等省。为了满足广大农民群众和城镇居民对奶及奶制品的需求，应当积极提倡和支持在生态经济条件较好的农村牧区、城镇郊区及工矿区饲养和发展奶山羊。

（3）发展舍饲、规模化、集约化养羊。当前，我国养羊业的饲养管理和经营方式主要以分散饲养为主。这样的饲养和经营方式与现阶段我国市场经济的发展不相适应，因此，要改变落后的生产方式，积极发展专业化、规模化、标准化养羊，突出重点，发挥优势，增强产品在国内外市场上的竞争能力，确保我国养羊业的持续发展。21 世纪初期，在条件较好的农村牧区分散饲养的基础上，积极引导和支持农牧户走专业化、规模化、标准化、产业化发展养羊业，特别是发展肉羊业的道路，实现小生产与大市场接轨。养羊业的规模化、集约化、产业化是一个渐进的发展过程，不可一蹴而就，要在不断摸索经验中稳妥地推进。同时，在不同生态经济条件地区，应立足当地资源和市场需求，以经济效益为中心，从经营方针和管理体制的确立到规模的大小，饲养场地的选择，生产设施的布局、设计和建设，品种的选定和利用制度，饲草饲料的全年均衡供应，饲养管理方式及饲养工艺流程，疫病防治，以及产品的产、加、销一体化经营等问题，组织专门力量进行认真、详细的研究，制定发展政策、规划和实施方案。在整个进程中，要紧紧抓住基地、龙头、流通等关键环节，积极探索和建立“中介组织＋公司＋基地＋农户”模式的新的运行机制。在建设规模化生产基地的同时，要扶植发展规模大、水平高、产品新的龙头企业，并采取股份合作制等形式，引导龙头企业和农牧户建立起利益共享、风险共担的利益共同体。同时，要鼓励和支持各类中介服务组织，充分发挥其引导生产、连接市场的纽带作用。

第一章　羊的品种、生物学特性及生态适应性

学习目标：

◆了解羊的品种分类方法

◆掌握不同品种羊的产地、外貌特征及生产性能

◆掌握羊的生物学特性及生态适应性

第一节　羊的品种

全世界现有主要绵羊品种600多个，山羊品种150多个。本节主要介绍羊的品种分类及主要代表品种。

一、品种分类

目前全世界绵羊、山羊品种的数量繁多，为便于研究和应用，必须对品种进行分类。最常用的划分品种的方法是按生产类型分类。

1. 根据生产类型分类

绵羊、山羊品种按照生产类型分类，主要是根据其经济价值，即把同一生产方向的许多品种概括在一起，便于比较、选择和利用；但对于多种用途的兼用羊，由于其利用目的不同，往往归类也不同。

(1) 绵羊品种的生产类型。绵羊按生产类型分类，其品种主要可以划分为7类：细毛羊、半细毛羊、裘皮羊、羔皮羊、肉脂羊、粗毛羊和乳用羊。

1) 细毛羊。基本特点是全身被毛为白色，毛纤维属同一类型，细度在60支以上，毛丛长度在7 cm以上，细度和长度比较均匀，有整齐而明显的弯曲，密度大，产毛量高。一般细毛羊每年每只产净毛量为4～8 kg。

国外优良细毛羊品种主要有澳洲美利奴羊、波尔华斯羊、苏联美利奴羊、高加索细毛羊等。中国培育的细毛羊品种有新疆细毛羊、东北细毛羊、内蒙古细毛羊等。

2）半细毛羊。基本特点是被毛由同一纤维类型的细毛或两型毛组成，羊毛纤维的细度为32～58支，毛丛长度一般较长，但长度不一，一般来讲，毛越粗则越长。半细毛羊除部分品种有角外，多数无角，全身无皱褶，毛丛比较松散。与细毛羊相比，有较为明显的肉用体型，产肉性能较好，幼龄羊早熟性强，增重的饲料报酬高。

世界上能够生产半细毛的绵羊品种很多，主要有茨盖羊、汉普夏羊、林肯羊、考力代羊及我国培育的内蒙古半细毛羊、东北半细毛羊等。

3）裘皮羊。裘皮是指羔羊出生后在1月龄左右时所剥取的皮。特点为毛股紧密，毛穗弯曲漂亮，色泽光润，被毛不易擀毡，皮板良好，又称“二毛皮”。

产裘皮的主要绵羊品种有滩羊、罗曼诺夫羊。这类羊除产裘皮外，成年羊也产粗毛，是制地毯的上等原料。

4）羔皮羊。羔皮是指羔羊出生后3天内剥取的皮子。羔皮不仅具有独特的花卷类型和各种天然的自然毛色，而且图案美观，花卷坚实，光泽度好。羔皮可制作翻毛大衣、皮帽、皮领和披肩等高档服饰。主要羔皮羊的品种有卡拉库尔羊、湖羊等。

5）肉脂羊。肉脂羊都为粗毛羊，其特点是产肉性能较好，善于储存脂肪，具有肥大的尾部，肉品质好，屠宰率高，羔羊早熟易育肥。中国肉脂羊绵羊品种主要有大尾寒羊、乌珠穆沁羊和阿勒泰羊等。

6）粗毛羊。被毛为异质毛，由多种纤维类型组成，一般含有无髓毛、两型毛、有髓毛和干死毛。粗毛羊产毛量低，毛品质差，只能做粗呢、地毯和擀毡用。粗毛羊适应性强，耐粗放的饲养管理及恶劣的气候条件，抓膘能力强，皮和肉的品质好。如蒙古羊、西藏羊和哈萨克羊。

7）乳用羊。体格大，体型结构良好，乳房结构优良、宽广，乳头良好，产奶量高，对温带气候条件有良好的适应性。如东佛里生乳用羊。

（2）山羊品种的生产类型。山羊品种通常按生产用途分类，主要分为奶用山羊、毛用山羊、绒用山羊、裘皮山羊、羔皮山羊、肉用山羊和普通山羊。

1）奶用山羊。奶用山羊的外形特征因品种和饲养地区各有差异，其共同特点是成年奶用山羊的前躯较浅较窄，后躯较深较宽，整个体躯呈楔形。全身细致紧凑，各部位轮廓非常清晰，头小额宽、颈薄而细长。背部平直而宽，不可凹陷或弓起，尾部宽长不太倾斜，胸部深广，四肢细长强健，皮肤细薄富有弹性，毛短而稀疏。

奶用山羊最重要的器官是乳房。产奶量高的奶用山羊，乳房的形状呈圆形或梨形，丰满而体积大，皮肤细薄而富有弹性，没有粗毛，仅有很稀少而柔软的细毛。乳头大小适中，略倾向前方。挤乳后，乳房应当收缩变小，形成很多皱褶，柔软而有弹性。

主要奶用山羊品种有萨能奶山羊、吐根堡奶山羊、关中奶山羊等。

2）毛用山羊。毛用山羊的主要产品是作为纺织原料的山羊毛，国际市场上将这类山羊毛特称为“马海毛”（Mohair），主要是指安哥拉山羊生产的毛。该种羊毛同质、结实，长而富有弹性，色泽明亮，细度为46～58支，长度为13～16 cm。毛用山羊头大小适中，角发达，颈短直而厚实，背腰宽长，尾部平广，腹部紧凑不下垂。

毛用山羊主要分布在土耳其、美国和南非。世界上的毛用山羊共有 3 个品种：安哥拉山羊、苏联毛用山羊和土耳其黑色毛用山羊。

3）绒用山羊。绒用山羊的外貌特点为头比较小，而且灵活轻巧。公、母都有角，公羊角粗大且多向上方直立。眼大有神，鼻梁平直，嘴大，颌下有髯，体躯较瘦，属紧凑结实型。全身被毛较多而均匀。被毛分为内外两层，外层毛是粗毛，为普通毛或两型毛；内层即底层毛是纤细的绒毛。山羊绒为无髓毛，是由环形鳞片层和包围在其中的皮质层组成的。绒用山羊的四肢结实，尾椎不发达，为短瘦尾，尾尖上翘。

绒用山羊的主要产品是山羊绒。山羊绒纤细而结实，柔软且重量轻，是生产轻巧美观、柔软保暖、细薄结实的高级精梳毛织品和针织品的优良原料。

绒用山羊的主要品种有辽宁绒山羊、内蒙古白绒山羊、克什米尔绒山羊等。绒用山羊主要分布在高纬度高海拔的亚洲山地和高原。

4）裘皮山羊。山羊裘皮是指宰杀 1 月龄左右的裘皮山羊剥取的毛皮，用于制作保暖美观的外衣。我国中卫山羊是世界上唯一的裘皮山羊品种。中卫山羊提供的裘皮又称沙毛皮或沙二毛皮，特点是洁白光亮，花穗紧密，卷曲整齐，美观轻暖，与著名的滩羊二毛裘皮极为相似。

5）羔皮山羊。山羊羔皮俗称猾子皮，是宰杀出生后 1～3 天的羔皮品种山羊剥取的，其羔皮图案奇特。世界上羔皮山羊品种有济宁青山羊和埃塞俄比亚羔皮山羊等。

6）肉用山羊。我国肉用山羊分布较广，主要分布在一些气候温暖、物产丰富的农业区。肉用山羊具有成熟早、生长快、体重大、繁殖率高等特点。肉用山羊不仅肉质鲜美，而且板皮优良，故也称为肉皮兼用山羊。可根据被毛的外观变化来判断其营养状况。在秋季，当羊群中被毛的形态和光泽呈现“翻毛”“分脊”的山羊居多时，说明羊群夏膘与秋膘抓得好；反之，若“毛光”“毛粗”个体多，则抓膘不良。所以秋季是鉴定肉用山羊的最适宜时间。

我国主要肉用山羊品种有南江黄羊、马头山羊、雷州山羊和成都麻羊等。目前世界上最著名的肉用山羊品种是波尔山羊。

7）普通山羊。目前山羊中大部分为地方品种。这类山羊能够生产多种产品，但生产性能不突出，有的偏向乳肉，有的产肉和板皮性能较好，还有的兼有产绒产肉性能等，一般将这些都归入普通山羊品种的范畴。这类山羊主要分布于亚洲和非洲。普通山羊品种主要有印度山羊、蒙古山羊、孟加拉山羊以及我国的西藏山羊、新疆山羊、太行山羊等。

2. 根据产毛类型分类

羊毛是养羊业的重要产品之一，在生产中除了按照生产方向分类外，还可按照所产羊毛类型将绵羊和山羊分类。

（1）按绵羊产毛类型分类

1）细毛型。新疆细毛羊、东北细毛羊、内蒙古细毛羊、澳洲美利奴羊、苏联美利奴羊、德国美利奴羊、高加索羊和泊列考斯羊。

2）短毛型，即短毛肉用种。南丘羊、牛津羊、汉普夏羊、萨福克羊、有角陶赛特羊和无角陶赛特羊。

3）长毛型。即通常所称半细毛品种。莱斯特羊、边区莱斯特羊、林肯羊和罗姆尼羊。

4）杂交型。考力代羊、哥伦比亚羊、波尔华斯羊、茨盖羊等。

5）地毯毛型。蒙古羊、西藏羊和哈萨克羊。

6）羔皮型。湖羊、卡拉库尔羊和滩羊。

（2）按山羊产毛类型分类

1）绒毛型。绒毛型山羊的被毛由无髓毛、两型毛和有髓毛共同组成，无髓毛和两型毛一起组成绒毛。绒毛较粗具有形状不规则的弯曲，有髓毛粗直不具弯曲。属于这一类的山羊品种有波里顿羊、吉尔吉斯羊和山地阿尔太羊等品种。

2）中间型。中间型山羊被毛由有髓毛和无髓毛组成，而且绒毛含量较高。我国的绒山羊品种多属于中间型，如辽宁绒山羊、内蒙古白绒山羊、西藏山羊等。

3）普通山羊型。该种山羊的被毛由大量的有髓毛和少量短而纤细的无髓毛组成。分布在寒冷地区的普通地方山羊均属此类。

4）马海毛型。主要品种为安哥拉山羊。被毛主要由直径为 30～32 μm 的无髓毛和少量两型毛组成。

二、我国主要绵羊品种

近 50 年来，我国羊品种的选育工作取得了很大成绩，其中细毛羊、半细毛羊品种从无到有，逐渐培育了 10 个细毛羊品种，1 个半细毛羊品种，还有几个正在培育的半细毛羊新品种。我国细毛和半细毛羊新品种（群）的培育都是以中国三大粗毛羊品种，即蒙古羊、西藏羊和哈萨克羊为基础的。

1. 新疆细毛羊（见图 1—1—1）

图 1—1—1　新疆细毛羊

（1）分布及育成简史。新疆细毛羊是我国培育的第一个细毛羊品种。1954 年育成于新疆维吾尔自治区的巩乃斯种羊场。新疆细毛羊是利用从苏联引入的高加索羊和泊列考斯细毛品种公羊与哈萨克羊和蒙古羊杂交，经过多年的选择和严格的自群繁育而成的。1954 年经农业部批准为细毛羊新品种，命名为新疆毛肉兼用细毛羊，简称新疆细毛羊。

（2）外貌特征。体躯深长、结构良好，体质结实。公羊大多数有螺旋形的角，母羊无角。公羊鼻梁微有隆起，母羊鼻梁呈直线。公羊颈部有 1～2 个完全或不完全的横皱褶，母羊有 1 个横皱褶或发达的纵皱褶，体躯无褶，皮肤宽松。胸部宽深，背直而宽，腹线平直，后躯丰满，四肢结实，蹄质致密，肢势端正。毛被属同质毛，闭合性良好，呈毛丛结构。细毛着生至头部眼线，前肢至腕关节，后肢至飞节或飞节以下，腹毛着生良好。成年公羊平均体高 75.3 cm，成年母羊平均体高 65.9 cm；平均体长分别为 81.9 cm、72.6 cm；平均胸围分别为 101.7 cm、86.7 cm。

（3）生产性能。剪毛后公羊、母羊体重平均为 93.0 kg 和 46.0 kg。该品种羊产毛多，羊毛品质好。成年公羊平均剪毛量为 12.2 kg，母羊为 5.5 kg；成年公羊羊毛平均长度为 10.9 cm，成年母羊为 8.8 cm；羊毛细度以 64 支为主，净毛率为 49.8%～54.0%。羊毛油汗以乳白色和淡黄色为主，含脂率为 12.7%～14.9%。新疆细毛羊体格较大，产肉性能良好，成年羯羊平均体重为 65.6 kg，屠宰率平均为 49.5%，净肉率为 40.8%。

新疆细毛羊 8 月龄左右性成熟，初配年龄为 1.5 岁。产羔分冬羔（1—2 月）、早春羔（3 月）和晚春羔（4—5 月）。经产母羊的产羔率为 130%左右。

新疆细毛羊善牧耐粗饲，放牧增膘性能好，增重快，生活力强。新疆细毛羊是我国育成历史最久、数量最多的细毛羊品种，具有较高的毛肉生产性能及经济效益。具有许多外来品种所不及的优点。但与国外优秀品种相比，净毛产量低，毛长不足，羊毛的光泽、弹性、白度不理想；在体型结构方面也有差距。

2. 东北细毛羊（见图 1—1—2）

a)

b)

图 1—1—2　东北细毛羊
a）公羊　b）母羊

（1）分布及育成简史。东北细毛羊是我国 1967 年育成的第二个细毛羊品种。主要分布于辽宁、吉林和黑龙江三省的西北部平原地区和部分丘陵地区，是由兰布列美利奴羊与蒙古羊杂交的杂种后代和苏联美利奴羊、斯塔夫洛波羊、高加索羊、新疆细毛羊和极少数的阿斯卡尼等品种公羊进行杂交改良选育而成的，于 1967 年命名为东北毛肉兼用细毛羊，简称东北细毛羊。

（2）外貌特征。东北细毛羊体质结实，结构匀称。公羊有螺旋形角，鼻梁稍隆起，颈部有 1～2 个完全或不完全的横皱褶；母羊无角，鼻梁平直，颈部有发达的纵皱褶。皮肤宽松，体躯无皱褶，胸宽深，背平直，肢势端正。被毛白色，闭合性良好，密度中等，腹毛呈毛丛结构。细度以 60 支和 64 支为主，弯曲明显，毛被均匀，油汗适中，呈白色或淡黄色。羊毛覆盖头部至两眼连线，前肢到腕关节，后肢达飞节。

（3）生产性能。成年公羊、母羊平均体重分别为 83.7 kg 和 45.4 kg，育成公羊、母羊平均体重为 43 kg 和 37.8 kg。成年公羊剪毛量平均为 13.4 kg，成年母羊为 6.1 kg，净毛率为 35%～40%。成年公羊被毛平均长度为 9.30 cm，成年母羊被毛平均长度为 7.4 cm。成年公羊（1.5～5 岁）的屠宰率平均为 43.6%，净肉率为 34.0%；同龄成年母羊相应为 52.4%和 40.8%。东北细毛羊一般10 月龄性成熟，初配年龄为 1.5 岁。初产母羊产羔率为 111%，经产母羊产羔率为 125%。

东北细毛羊对东北地区的生态条件有较好的适应能力，并具有耐粗饲、生长发育快、羊毛品质好等特点，但净毛率较低。

3. 内蒙古细毛羊（见图 1—1—3）

a)

b)

图 1—1—3　内蒙古细毛羊
a）公羊　b）母羊

（1）分布及育成简史。内蒙古细毛羊是在内蒙古自治区锡林郭勒盟的典型草原地带育成的毛肉兼用细毛羊品种，产区位于内蒙古高原北部，是以当地蒙古羊为母本，以苏联美利奴羊、高加索羊、新疆细毛羊和德国美利奴羊等品种为父本，采用育成杂交方式育成的。1976 年经内蒙古自治区政府正式批准命名为内蒙古毛肉兼用细毛羊，简称内蒙古细毛羊。

（2）外貌特征。内蒙古细毛羊体质结实，结构匀称。公羊大部分有螺旋形的角，颈部有 1～2 个完全或不完全的横皱褶，母羊无角。颈部有发达的纵皱褶，体躯皮肤宽松无皱褶。颈肩结合良好，胸宽而深，背腰平直，后躯丰满。被毛闭合性良好，油汗为白色或浅黄色，油汗高度占毛丛的 1/2 以上。细毛着生头部至眼线，前肢至腕关节，后肢至飞节。

（3）生产性能。成年公羊、母羊平均体重为 91.4 kg 和 45.9 kg，剪毛量分别为 11 kg 和 5.5 kg，净毛率为 36%～45%。成年公羊羊毛长度平均为 10 cm，母羊为 8 cm。羊毛细度为 60～64 支，以 64 支为主。1.5 岁羯羊屠宰前平均体重为 50 kg，屠宰率为 45%。经产母羊的产羔率为 110%～123%。

内蒙古细毛羊耐粗饲，抗寒耐热、抗病能力强。在冬季可刨雪采食牧草，夏季抓膘复壮快，冬春季节适当补饲，成、幼畜保育率可达 95%以上。

4. 中国美利奴羊（见图 1—1—4）

a)

b)

图 1—1—4　中国美利奴羊

a）公羊　b）母羊

（1）分布及育成简史。中国美利奴羊是我国 20 世纪 80 年代培育的一个品质较好的新型细毛羊品种，是在内蒙古自治区、新疆维吾尔自治区、黑龙江省和吉林省按照统一的育种目标和方案，以澳洲美利奴公羊与波尔华斯羊、新疆细毛羊和军垦细毛羊的母羊杂交育成的，1985 年 12 月经鉴定验收正式命名。按其育成地区，中国美利奴羊又分为 4 个类型，即内蒙古科尔沁型、吉林型、新疆型和新疆军垦型。

（2）外貌特征。中国美利奴羊体质结实，体型呈长方形。公羊颈部有 1～2 个横皱褶，母羊颈部有发达的纵皱褶。公羊、母羊躯干均无明显皱褶。公羊有螺旋形的角，母羊无角。鬐甲宽平，胸宽深，背长，尾部平直而宽，后躯丰满，颈短，皮肤薄而宽松。四肢结实，肢势端正。被毛呈毛丛结构，闭合性良好，密度大，各部位毛丛长度与细度均匀。全身被毛具有明显的大、中弯曲。头毛密长，着生至眼线，外形似帽状，前肢毛着生至腕关节，后肢至飞节。腹部毛生长良好，呈毛丛结构。羊毛细度为 60～64 支，以 64 支为主。油汗白色或乳白色，含量适中，分布均匀，能很好地保护毛丛。

（3）生产性能。中国美利奴羊成年公羊平均体重为 91.8 kg，母羊为 43 kg；种公羊平均剪毛量为 16～18 kg，成年母羊为 64 kg，成年公羊毛长为 11～12 cm，母羊为 10 cm。净毛率在 50%以上。成年羯羊屠宰前体重平均为 51 kg，胴体重平均为 22.9 kg，净肉重平均为 18 kg。屠宰率为 44%，净肉率为 34%。产羔率为 117%～128%。

中国美利奴羊适应我国牧区的全年放牧为主，冬春季节补饲的饲养条件。用中国美利奴公羊与各地细毛羊杂交，其后代的体型、毛长、净毛率、净毛量、羊毛弯曲、油汗、腹毛等均有较大的改进，对提高我国现有细毛羊的毛被品质和羊毛产量具有重要的影响。

5. 中国卡拉库尔羊（见图 1—1—5）

（1）分布及育成简史。主要分布在新疆维吾尔自治区、内蒙古自治区等地。从 1951 年

a)

b)

图 1—1—5　中国卡拉库尔羊
a）公羊　b）母羊

开始用卡拉库尔羊为父系，库车羊、哈萨克羊及蒙古羊为母系，采用级进杂交方法在 1982 年育成的羔皮羊品种。

（2）外貌特征。头稍长，鼻梁隆起，耳大下垂，公羊多数有螺旋形向两侧伸出的角，母羊多数无角。胸深体宽，四肢结实，尾基部宽大，尾尖呈 S 形，下垂至飞节。毛色主要呈黑色、灰色、金色，银色较少。黑色羊羔成年后由黑变褐最后成灰白色，灰色羊羔成年后变成白色，彩色羊羔成年后变成棕白色，但头、四肢及尾尖的毛色终生不变。公羊平均体高为 74 . 3 cm，母羊为 66 cm；公羊平均体长为 79 . 2 cm，母羊为 73 . 5 cm；公羊平均胸围为 91. 6 cm，母羊为 84. 9 cm。

（3）生产性能。成年公羊平均体重为 77. 3 kg，母羊为 46. 3 kg。成年公羊平均剪毛量为 3 kg，成年母羊为 2 kg，净毛率为 65％。产羔率为 105％～115％，屠宰率平均为 51％。种羊羔皮光泽正常或强丝性，毛卷多以平轴卷、鬣形卷为主，毛色多为黑色，极少数为灰色。羔皮低劣者可在出生后 1 月龄剥皮（二毛皮），光泽好，毛穗清晰、耐磨、耐穿、美观，是制裘皮的好原料。

6. 小尾寒羊（见图 1—1—6）

（1）分布及育成简史。小尾寒羊原属蒙古羊，随着历代人民的迁移，把蒙古羊引入自然生态环境和社会经济条件较好的中原地区以后，经长期选择和培育而成的地方优良品种。主要分布于山东、河北南部，山东南部、江苏北部及东北一带，是我国著名的地方优良品种。

图 1—1—6　小尾寒羊

（2）外貌特征。小尾寒羊体质结实，四肢较长、身躯高大，前后躯均发达，头略显长。鼻梁隆起，耳大下垂，公羊有螺旋形的角，母羊多数有小角或仅有角基。脂尾呈扇形，尾中 1/3 处有一纵沟，尾尖向上翻紧贴于沟中，尾长在飞节以上。被毛白色占 70%，全身有黑褐色斑或大黑斑者为数少。斑点多集中在口、鼻、眼、耳、颈部，蹄为肉色或黑色。

（3）生产性能。小尾寒羊成年公羊、母羊体重平均为 94.1 kg 和 48.7 kg。公羊、母羊剪毛量平均为 3.5 kg 和 2 kg。公羊平均毛长为 13.3 cm，母羊平均为 11.5 cm。毛被属异质毛。小尾寒羊属裘皮型羊，其毛皮板轻薄致密，毛股清晰，具有波浪形或螺旋形弯曲，花型美观。小尾寒羊生长发育快，产肉性能高。出生后 3 月龄断奶，公羔、母羔平均体重即达到 20.8 kg 和 17.2 kg，6 月龄即可屠宰上市，6 月龄公羊屠宰率和净肉率分别为 47.58%和 31.17%。小尾寒羊肉质好、鲜嫩、多汁、没有膻味，香味浓郁。

小尾寒羊性早熟，产羔周期短，产羔率高。公羊 10 月龄即可配种，母羊 5～6 月龄即可发情配种。当年即可产羔，比一般绵羊品种提前 7～10 个月。母羊发情多数集中在春、秋两季。一般产羔为一年二胎或两年三胎。每胎多产 2～3 羔，产羔率为 270%左右。小尾寒羊母羊具有四季发情、多胎多羔的特点，是发展我国农区羔羊肉生产较为理想的母系品种。

7. 我国其他绵羊品种（见表 1—1—1）

表 1—1—1　　我国其他绵羊品种

品种名称	分布	外貌特征	生产性能
大尾寒羊	河北的邯郸、邢台、山东聊城	被毛白色。头略显长，鼻梁隆起，耳大下垂，公羊、母羊均无角；胸窄，前躯发育不良，后躯发育较好，脂尾肥大，下垂到飞节以下，尾尖向上翻卷，形成明显尾沟	平均体重：公羊 72 kg，母羊 52 kg。剪毛量：2.70～3.30 kg。毛长为 10.1～11.3 cm；肉脂性能突出，羔皮、毛皮及板皮质量较高
湖羊	产于太湖流域，分布于浙江、江苏、上海	头型狭长，鼻梁隆起，耳大下垂。公羊、母羊均无角。颈细长，胸狭窄，背平直，四肢纤细。短脂尾，尾大呈扁圆形，尾尖上翘。被毛白色	平均体重：公羊 48 kg，母羊 36 kg。羔羊生后 1～2 天内宰剥的羔皮称为小湖羊皮。花纹呈波浪形，光泽强，是裘皮佳品。羔羊生后 60 天以内时屠剥的皮称为“袍羔皮”
滩羊	宁夏中部及陕西、内蒙古的周边地区	体格中等，公羊有角，呈螺旋形状，母羊无角，体躯较窄长，四肢较短而端正，尾长下垂，部分尾尖钩状弯曲，达飞节以下，体躯大多为白色，头、面部有斑块	平均体重：公羊 47 kg，母羊 31 kg。剪毛量：公羊 1.6～2.0 kg，母羊 1.3～1.8 kg。毛长为 8～15.5 cm，净毛率为 65%左右，产羔率为 101%～103%。羔羊出生后 30 天左右宰杀剥取的二毛皮是滩羊的主要产品
乌珠穆沁羊	内蒙古乌珠穆沁草原	体格高大，体躯长，背腰宽，肌肉丰满。公羊多数有螺旋形角，母羊多数无角。耳大而下垂，后躯发育良好，是较好的肉用体型。全身白色的毛占 10%左右，白毛黑头占 62%左右，杂毛者占 11%。毛被由多种纤维类型组成	裘皮、皮板厚而结实，保暖，羊毛柔软多为半环形花卷，牧民称为乌珠尔皮，羔皮是制皮袍的好材料。成年平均体重：公羊 74 kg，母羊 57 kg；屠宰率平均为 58.4%

续表

品种名称	分布	外貌特征	生产性能
欧拉型西藏羊	甘肃省	体型高大粗壮，头稍狭长，背腰平直。被毛短，头、颈、四肢多为黄褐色花斑，全白色羊极少。公羊、母羊均有角，公羊角呈螺旋状向上向外弯曲	平均体重：公羊 75.85 kg，母羊 58.51 kg。平均剪毛量：公羊 1.08 kg，母羊 0.77 kg。耐寒、耐粗饲，善于游牧，合群性好，繁殖率较低
阿勒泰羊	新疆哈萨克民族的聚居地区——阿勒泰等地	体格大，体质结实。鼻梁稍隆起，耳大下垂，公羊有较大的螺旋角，母羊多数有角。沉积在尾椎附近的脂肪成方圆的“臀脂”。被毛以棕红为主，有纯黑、纯白，或体白头为黄色或黑色	平均体重：公羊 85.6 kg，母羊 67.4 kg。平均剪毛量：公羊 2.4 kg，母羊 1.63 kg。产肉生产性能良好，屠宰率为 50%。适宜放牧

三、国外优良绵羊品种

1. 澳洲美利奴羊（见图 1—1—7）

（1）分布及育成简史。从 1797 年开始，利用由英国及南非引进的西班牙美利奴、德国引入的萨克逊美利奴羊、法国和美国引入的兰布列羊等品种进行杂交育成，是世界上最著名的细毛羊品种。主要分布于澳大利亚。我国于 1972 年以后开始引入澳洲美利奴羊，对提高和改进我国的细毛羊品质有显著效果。

（2）外貌特征。体型近似长方形，腿短，体宽，背部平直，后躯肌肉丰满；公羊颈部有 1～3 个发育完全或不完全的横皱褶，母羊有发达的纵皱褶。羊毛覆盖头部至两眼连线，前肢达腕关节，后肢达飞节。澳洲美利奴羊主要为毛用型，毛丛结构好，羊毛长，呈明显大、中等弯曲，油汗洁白，光泽好，毛密度大，细度均匀。

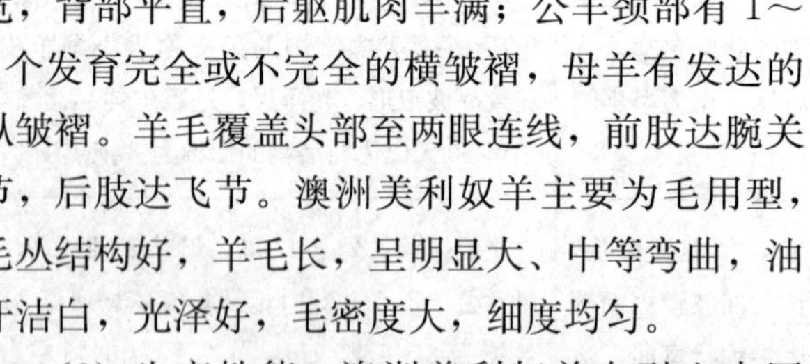

图 1—1—7　澳洲美利奴羊

（3）生产性能。澳洲美利奴羊自引入中国后，主要饲养在黑龙江、吉林、新疆和内蒙古等省区。该品种的引入，对培育中国美利奴羊新品种，以及提高中国其他细毛羊品种的净毛率和被毛质量等，均发挥了重要作用。根据体重、羊毛长度和细度等指标的不同，在澳大利亚，美利奴羊分成 3 种类型，即超细型和细毛型（占 6%）、中毛型（占 56%）和强毛型（占 38%），每种类型中又分为有角系和无角系两种。

2. 萨福克羊（见图 1—1—8）

（1）分布及育成简史。萨福克羊原产于英国英格兰东南部的萨福克郡州。萨福克羊具有早熟、产肉多、肉质好、屠宰率高的特点，是当今主要的肉羊终端品种。

（2）外貌特征。公羊、母羊均无角。头、耳较长，颈粗长，胸宽，背腰和臀部长宽平，肌肉丰富。体躯被毛白色，脸和四肢下端呈黑色或深棕色，并覆盖刺毛。后躯发育丰满，呈桶型，肉用体型非常明显。

图 1—1—8　萨福克羊

（3）生产性能。成年萨福克公羊平均体重为100～110 kg，母羊平均体重为 60～70 kg。4 月龄公羊胴体平均重 24.2 kg，母羊胴体平均重 19.7 kg，屠宰率为 55%～60%，被国外称为世界上生长最快的绵羊。产羔率为 130%～140%。

3. 国外其他细毛羊品种（见表 1—1—2）

表 1—1—2　　国外其他细毛羊品种

品种	原产地	外貌特征	生产性能
波尔华斯羊	澳大利亚	具有美利奴羊的特征，但没有皱褶，少数有角，多数在鼻、眼、唇部有色斑，体躯较宽平，属长毛型细毛羊	体重：公羊 56～77 kg，母羊 45～56 kg。剪毛量：公羊 5.5～9.5 kg，母羊 5.0 kg，净毛率 65%～70%，毛长 12～15 cm，细度 58～60 支。繁殖能力强，泌乳力好
高加索细毛羊	俄罗斯	体大，结实，结构良好，颈部有 2～3 个发达的横皱褶，被毛良好	体重：公羊 90～100 kg，母羊 50～55 kg。剪毛量：公羊 12～14 kg，母羊 6～6.5 kg。羊毛长度为 7～8 cm，羊毛细度以 64 支为主，净毛率 40%～42%。产羔率 130%～140%
阿尔泰细毛羊	俄罗斯	体格大，外形良好，颈部具有 1～3 个皱褶	体重：公羊 110～125 kg，母羊 60～65 kg。公羊剪毛量 12～14 kg，母羊剪毛量 6～6.5 kg，净毛率 42%～45%，细度 64 支，产羔率 120%～150%
考摩羊	澳大利亚	体质结实，体格大而丰满，胸部宽深，颈部皱褶不明显，四肢端正	体重：公羊 90 kg 以上，母羊 50 kg。剪毛量：公羊 7.5 kg，母羊 4.5 kg。毛长 10 cm 以上，适应性良好
阿斯卡尼细毛羊	乌克兰	体大而结实，体躯结构正常，骨骼发育良好	体重：公羊 120～130 kg，母羊 58～62 kg。剪毛量：公羊 16～20 kg，母羊 6.5～7.0 kg。毛长 7.5～8 cm，净毛率 38%～42%。细度 64 支，产羔率 125%～130%

4. 国外适合于肉羊产业的绵羊品种（见表 1—1—3）

表 1—1—3　　国外适合于肉羊产业的绵羊品种

品种	原产地	外貌特征	生产技能
德国美利奴	德国	体格大，成熟早，胸宽而深，背腰平直，肌肉丰满，后躯发育良好，公羊、母羊均无角	体重：公羊 100～140 kg，母羊 70～80 kg。公羊、母羊剪毛量分别为 7～10 kg 和 4.5～5.0 kg。净毛率 45%～52%，产羔率 140%～175%。屠宰率 47%～49%
罗姆尼羊	英国	体质结实，公羊、母羊均无角，体躯宽深，背部较长，前躯丰满，后躯发达，被毛白色	成年公羊、母羊体重分别为 90～110 kg 和 80～90 kg，公羊、母羊剪毛量分别为 4～6 kg 和 3～5 kg。毛长 11～15 cm。产羔率 120%。早熟、发育快
边区莱斯特羊	英国	体型结构良好，体躯长，背宽平，无角，鼻梁隆起，两耳竖立，头部及四肢无毛覆盖	成年公羊、母羊体重分别为 70～85 kg 和 60～65 kg。公羊、母羊剪毛量分别为 5～9 kg 和 3～5 kg，产羔率 150%～180%
考力代羊	新西兰	头较宽，无角，颈短而宽，背腰宽平，肌肉丰满，后躯发达，被毛白色，覆盖良好	体重：公羊 100～105 kg，母羊 46～65 kg。剪毛量：公羊 10～12 kg，母羊 5～ 6 kg。产羔率 110%～130%
无角道赛特羊	澳大利亚、新西兰	公羊、母羊均无角，颈粗短，胸宽深，背腰平直，躯体呈圆桶状，四肢粗短，后躯丰满，全身白色	体重：公羊 90～120 kg，母羊 54～65 kg。剪毛量 2.5～3.0 kg。胴体品质和产肉性能好，产羔率 130%。用做大型羔羊的父系
夏洛来羊	法国	头部无长毛，脸部呈粉红色或灰色，额宽，平大，体长，胸宽深背腰平直，肌肉丰满，后躯宽大，后肢呈门型，四肢较短	体重：公羊 110～140 kg，母羊 54～ 72 kg；周岁公羊 70～90 kg，母羊 50～ 70 kg，4 月龄重 35～40 kg，屠宰率 50%，肉质好，瘦肉多；产羔率 180%以上
汉普夏羊	英国	无角体大，胸宽，背宽平直，臀部发育充分，体躯被毛为白色，蹄、耳、嘴、鼻、眼为黑色	体重：公羊 135 kg，母羊 70 kg；剪毛量 3～4 kg，净毛率 50%～60%，产羔率 115%～130%，日增重 400 g，泌乳性能好
兰德瑞斯羊	芬兰	公羊有角，母羊多无角，体格大、长而深，但不宽，骨骼较细，短脂尾	体重：公羊 130 kg，母羊 75 kg；剪毛量 3～4.5 kg，繁殖力特强，母羊平均每胎产 2～4 只，生长快，5 月龄体重 32～35 kg
特克塞尔羊	荷兰	无角，体大，头部无被毛，胸宽深，体躯结构良好，四肢有力、端正，被毛白色	体重：公羊 110～130 kg，母羊 70～90 kg。剪毛量 5～6 kg，羔羊生长快，4～5 月龄体重 40～50 kg，屠宰率 55%～60%。产羔率 150%～160%
有角道赛特羊	英国	公羊、母羊都有卷曲的角，体长而宽深，肌肉丰满，后躯发育好，全身白色	体重：公羊 90～120 kg，母羊 54～72 kg；剪毛量 6 kg，产羔率 130%～180%。肉质好，产肉力强，4 月龄肥羔体重达 19.7～23.4 kg

四、我国主要山羊品种

1. 中卫山羊（见图 1—1—9）

（1）原产地及分布。中卫山羊又称沙毛山羊，原产于宁夏回族自治区的中卫、中宁、同心、海源及甘肃省的景泰、靖远等县，现已分布至宁夏南部及全国 10 余省（区）。

（2）外貌特征。毛色纯白者占 75%，纯黑者较少，羔羊体躯短，全身生长着弯曲的毛辫，呈细小萝卜丝状，光泽良好，呈丝光。成年羊头清秀，额部丛生长毛一束，公羊、母羊均有长须。公羊角粗大向上、向后、向外伸展呈半螺旋状；母羊角较小，多呈小镰刀形。体型中等，体躯短深。成年公羊体高 61.4 cm，体长 67.7 cm，体重 30～40 kg。成年母羊体高 56.7 cm，体长 59.2 cm，体重 25～30 kg。

图 1—1—9　中卫山羊

（3）生产性能。产羔率约为 103%，初生羔毛长 4.4 cm，毛股有 3～4 个弯曲。公羊产毛量为 250～500 g，母羊产毛量为 200～400 g。成熟较早，母羊 7 月龄即可配种繁殖，产羔率为 103%。屠宰率为 40%～45%。

中卫山羊的代表性产品是羔羊生后 1 月龄左右，毛长达到 7.5 cm 左右时宰杀剥取的毛皮，因用手捻毛股时有沙沙的粗糙感觉，故又称为沙毛裘皮。

2. 济宁青山羊（见图 1—1—10）

a)

b)

图 1—1—10　济宁青山羊

a）公羊　b）母羊

（1）原产地及分布。产于山东省菏泽地区济宁市的 20 多个县，现已在国内广泛分布。济宁青山羊是一个优良的羔皮用山羊品种。

（2）外貌特征。毛色是由黑、白两色毛混生而构成的青色，前膝为青黑色，故有“四青一黑”的特征，由于黑白毛比例不同，分为正青（黑毛 30%～50%）、粉青（黑毛 30%以下）、铁青（黑毛 50%以上）三种。按被毛的粗细和长短不同分为四个类型：细长毛型、细短毛型、粗长毛型和粗短毛型。细长毛型的猾子皮质量最好。济宁青山羊头较小，额宽而凸，有角，有须，体小，俗称“狗羊”。

（3）生产性能。青山羊生长快，成熟早，一般 4 月龄可配种，一年两胎，平均产羔率为 293.65%。屠宰率为 42.5%。初生羊羔体重为 1.3～1.7 kg，生后 3 天屠宰的羔皮称为青猾子皮。

3. 辽宁绒山羊（见图 1—1—11）

（1）原产地及分布。原产于辽宁省东南部，中心产区在盖县的东部。近年来被引入西北及内蒙古等 8 个省区，改良当地羊品种的效果良好。

（2）外貌特征。体质结实，结构匀称，额上有长毛，公羊、母羊均有须、有角，公羊角粗长呈螺旋形向两侧伸展，母羊角向后、向上伸展。毛色纯白，外层毛稀疏，长而无弯曲，有丝光，内层绒毛厚密。

图 1—1—11　辽宁绒山羊

（3）生产性能。成年公羊平均产毛 0.5 kg，平均毛长 18.56 cm，产绒 0.54 kg，绒长 5.6 cm；母羊平均产毛 0.43 kg，平均毛长 14.4 cm，产绒 0.47 kg，绒长 5.28 cm。绒具有丝光。产绒量高，品质好，是世界白色绒用高产品种。

4. 内蒙古绒山羊（见图 1—1—12）

a)

b)

图 1—1—12　内蒙古绒山羊
a）公羊　b）母羊

（1）原产地及分布。内蒙古绒山羊主要分布于内蒙古西部。

（2）外貌特征。全身被毛白色者约占 86%，其他为黑色或紫色。公羊、母羊均有角，公羊角向上、向后向外捻曲，母羊角软且细小。有须，耳大向两侧半下垂，额部有软长的一束卷毛。背腰平直，后躯略高，尾上翘，外层粗毛较长呈丝光，内层绒毛厚密。

（3）生产性能。以阿左旗的绒山羊性能最好，平均产绒量达 316 g，最高达 875 g，绒长 5～6.5 cm。

5. 南江黄羊（见图 1—1—13）

（1）原产地及分布。产于四川南江县，是以奴比亚山羊、成都麻羊、金堂黑山羊为父本，南江本地山羊为母本，又导入吐根堡山羊血统，采用复杂育成杂交培育而成。

（2）外貌特征。公羊、母羊大多有角，头型较大，颈部较粗，体型高大，背腰平直，后躯比较丰满，体躯近似圆桶形，四肢粗壮，皮毛呈黄褐色，面部多呈黑色。鼻梁两侧有一条浅黄色条纹，从头顶部至尾根沿背脊有一条黑色毛带，前胸、颈、肩和四肢上端着生黑而长的粗毛。

图 1—1—13　南江黄羊

（3）生产性能。6 月龄公羔体重为 16.8～21.07 kg，母羔体重为 14.96～19.13 kg；成年公羊体重为 57.3～58.5 kg，母羊体重为 38.3～45.1 kg。放牧条件下 6 月龄体重达 21.6 kg，胴体重 9.6 kg，屠宰率为 45.12%，净肉率为 29.63%，产羔率为 187%～219%，四季发情，泌乳性能好，抗病力强，耐粗放管理，适应性强，板皮品质好。

6. 我国其他普通山羊（见表 1—1—4）

表 1—1—4　我国其他普通山羊

品种	产地	外貌特征	生产性能
马头山羊	湖南、湖北及相邻地区	无角，公羊头部生有长毛至眼线，多为白色，体躯呈长方形，后躯发育良好	体重：公羊（32.31±5.00）kg，母羊（30.96±6.3）kg。屠宰率 49.7%～55.3%，板皮致密，质量好，全年发情，4～6 月龄配种，产羔率 182%～229%
承德无角山羊	河北省东北部，已被引入河南、内蒙古、山东等地	被毛以黑色为主，无角但有角痕，胸宽	体重：公羊（54.4±12.3）kg，母羊（41.5±12.4）kg，生长快。剪毛量：公羊 518g，母羊 251 g。产绒量：公羊 240g，母羊 114g。屠宰率 46%～50%，产羔率 111%
太行山羊	山西、河北、河南交界的太行山区	毛色有灰色、黑色、白色和褐色，以头部全黑色为多，体躯灰色较多，有角，背腰平直，四肢健壮，蹄结实	平均体重：公羊 42.2 kg，母羊 35.7 kg；平均产毛量 3.60 kg，平均毛长 20 cm，产绒量 150～180g，绒长 4.7～5.3 cm。屠宰率 40.7%～48.8%，产羔率 102%～110%

续表

品种	产地	外貌特征	生产性能
陕南白山羊	陕西的安康、紫阳、旬阳、白河、西乡、镇巴、平利、洛南、山阳、镇安等县	被毛以白色为主，有长毛型、短毛型，鼻梁平直，颈短而宽厚。胸部发达，背腰平直，四肢粗壮，尾短上翘	平均体重：公羊 33 kg，母羊 27 kg；屠宰率 45.56%～50.58%，产羔率 259.02%。早熟，抓膘能力强，肉细嫩，皮板幅大致密
川东白山羊	重庆市的万州区、涪陵区和永川市，四川的达县	体型有大小两类，大型白色，有角，有须，公羊有较长的额毛，胸部发达，小型多数为白毛，有内层短绒，体型呈圆桶状	大型体重 30～40 kg，小型体重 20～24 kg，羯羊屠宰率 55%左右，产羔率 202%。
黄淮山羊	豫、皖、苏界地区	被毛白色，粗而短，直而稀，绒毛稀少，有须，有角或无角，头偏重，体躯较短，乳房发育良好	体重：公羊 33.89～37.06 kg，母羊 22.67～26.60 kg，肉质好，肥羔屠宰率 60%，成羊屠宰率 48.7%～51.93%。早熟，2月龄发情，10月龄可产第一胎，全年发情，一年两胎，产羔率 227%～238%
贵州白山羊	贵州的沿河、思南、务川等 20 余县	白色，有须，公羊颈部有卷毛，胸深，背宽平，四肢短，以白毛为宜，毛粗而短	平均体重：公羊 32.8 kg，母羊 30.8 kg。周岁羯羊胴体平均重 11.45 kg，成年羊胴体平均重 23.26 kg，平均产羔率 273.6%，肉质细嫩，膻味小
雷州山羊	广东雷州半岛一带	被毛黑、褐色，有须有角，鼻、额稍突出，胸稍窄，腹不大	平均体重：公羊 50 kg，母羊 43.0 kg，屠宰率 40%左右，皮板致密，一年两胎，每胎 1～2 只
福清山羊	东南沿海地区	体型中等，多有角，胸宽深，肉用体型明显，被毛褐色、黑色，颈背脊有一条带状黑毛区	平均体重：公羊 27.9 kg，母羊 26.0 kg。平均屠宰率：公羊 55.8%，母羊 47.6%。3 月龄性成熟，4～5 月龄配种，每胎产 1～4 只，双羊羔以上占 76.7%

五、国外优良山羊品种

1. 萨能奶山羊（见图 1—1—14）

（1）产地及分布。原产于瑞士泊尔尼州西南部的萨能地区，是世界著名的奶山羊品种，对我国乳用山羊品种改良起了重要作用。

（2）外貌特征。萨能奶山羊具有乳用家畜特有的楔形体型。体型结构紧凑细致，被毛白色或淡黄色，公羊的肩、背、腹和股部着生有较长的粗毛。皮薄呈粉红色。多数无角，头部颜面平直较长，额宽，眼大凸出，耳长直立。母羊颈部细长，公羊颈粗而短，背腰平直而长，后躯发育好，肋骨拱圆，尾部略显倾斜。母羊乳房发达，四肢坚实。

a)

b)

图 1—1—14　萨能奶山羊

a）公羊　b）母羊

（3）生产性能。萨能奶山羊具有早熟、长寿、繁殖力强、泌乳性能好等特点。母羊头胎多产单羔，经产羊多为双羔或多羔，产羔率为 160%～220%。泌乳期为 10 个月左右，产后 2～3 个月产奶量最高，305 天的产奶量为 600～1 200 kg，乳脂率为 3.2%。萨能奶山羊的产奶量受日粮营养因素影响很大，只有在良好的饲养条件下，其泌乳性能才能得到充分发挥。1 只高产奶山羊一般在 1 个泌乳期的产奶量应达 1 400～1 800 kg，产奶量按体重比例计算比奶牛高 1 倍。

目前我国的奶山羊绝大多数是萨能奶山羊的杂交种。我国 20 世纪初就开始引入该品种山羊，以后又从加拿大、德国、英国和日本等国分批引入，在国内分布较广。利用萨能奶山羊改良地方山羊提高产奶能力取得了良好效果。

2. 安哥拉山羊（见图 1—1—15）

（1）原产地及分布。原产于土耳其的安哥拉省，是世界上最著名的毛用山羊品种，以生产优质的马海毛驰名于世。现主要分布在土耳其。在南非、美国、阿根廷等国也有一定数量分布。我国于 1984 年起开始从澳大利亚引进该品种，目前主要饲养在陕西、山西、内蒙古和甘肃等省区，用于改良当地地方品种羊，效果良好。

图 1—1—15　安哥拉山羊

（2）外貌特征。全身被毛白色，羊毛有丝样光泽，手感滑爽柔软，由波浪形或螺旋状的毛辫组成，毛辫可垂至地面，头、腿生有短刺毛。公羊、母羊均有角，耳中等大且下垂。头较小，鼻梁平直，胸窄狭，肋骨扁平，股斜，骨细，体质较弱。公羊肩高 60～65 cm，母羊肩高 51～55 cm。

（3）生产性能。公羊体重 50～55 kg，母羊体重 32～35 kg，产肉少。泌乳量为 70～

100 kg，仅够哺育羔羊。公羊剪毛量为 4.5～6.0 kg，母羊剪毛量为 3～4 kg，净毛率为 65%～85%，细度为 40～46 支，长度为 30 cm。生长发育慢，性成熟晚，1.5 岁后才能发情配种，繁殖力低，发情季节为 10—11 月，发情期达 19～21 天，持续期为 30 h，妊娠期为 149～152 天。遗传性能稳定，改良效果良好。

3. 波尔山羊（见图 1—1—16）

（1）原产地及分布。波尔山羊原产于南非，是世界上最受欢迎的肉用品种。波尔山羊以初生重大、生长快、体型大、产肉多、肉质好、繁殖率高、适应性强而闻名世界。现已出口到澳大利亚、德国、新西兰等许多国家，我国 1995 年开始引进，受到各地普遍欢迎。

图 1—1—16　波尔山羊

（2）外貌特征。被毛短密、白色，头、颈为棕色并带有白斑，耳大下垂，头平直。公羊鼻梁稍隆起，角向后、向外弯曲呈镰刀状，母羊角小而直立。体质强壮，头颈部及前肢比较发达，躯体匀称且长宽深，胸部发达，背部结实、宽厚，肋骨开张良好，臀部丰满，四肢粗壮，结实有力。

（3）生产性能。初生重 4.15 kg，日增重 123.7 g。强度育肥下，日增重 204～291 g，100 日龄时，公羔体重为 30 kg，母羔体重为 29 kg。150 日龄时，屠宰率为 48%～60%，肥羔最佳上市体重为 38～43 kg，肉质细嫩，膻味小，味道鲜美。波尔山羊板皮质量好，可与牛皮相媲美。多次发情动物，繁殖无明显的季节性，6 月龄性成熟，平均产羔率为 150%～220%，一年两胎或两年三胎。发情期达 21 天，发情持续时间为 40～60h，妊娠期为 147～149 天，产奶量每天为 2.5 kg。波尔山羊性情温顺，适应性强，抗病力强。

第二节　羊的生物学特性

一、羊的生活习性

1. 合群性强

羊的群居行为很强，很容易建立起群体结构，主要通过视、听、嗅、触等感官活动来传递和接受各种信息，以保持和调整群体成员之间的活动，头羊和群体内的优胜序列有助于维系此结构。在羊群中，通常是原来熟悉的羊只形成小群体，小群体再构成大群体。在自然群体中，羊群的头羊多是由年龄较大、子孙较多的母羊来担任，也可利用山羊行动敏捷、易于训练及记忆力好的特点选择头羊。经常掉队的羊，往往不是生病，就是老弱跟不上群。

一般地讲，山羊的合群性好于绵羊；绵羊中的粗毛羊的合群性好于细毛羊和肉用羊，肉用羊最差；夏季、秋季牧草丰盛时，羊只的合群性好于冬季、春季牧草较差时。利用合群性，在羊群出圈、入圈、过河、过桥、饮水、换草场、运羊等活动时，只要有头羊先行，其他羊只即跟随头羊前进并发出保持联系的叫声，为生产中的大群放牧提供了方便。但由于群居行为强，羊群间距离近时容易混群，故在管理上应注意避免混群。

2. 食物谱广

羊的颜面细长，嘴尖，唇薄齿利，上唇中央有一纵沟，运动灵活，下颚门齿向外有一定的倾斜度，对采食地面低草、小草、花蕾和灌木枝叶很有利，对草籽的咀嚼也很充分，素有“清道夫”之称。因为羊只善于啃食很短的牧草，故可以进行牛羊混牧，在不能放牧马、牛的短草牧场也可放羊。据试验，在半荒漠草场上，有66%的植物种类是牛所不能利用的，而绵羊、山羊则仅为38%。在对600多种植物的采食试验中，山羊能食用其中的88%，绵羊为80%，而牛、马、猪则分别为73%、64%和46%，说明羊的食谱较广，也表明羊对种类单调的饲草料最易感到厌腻。

绵羊和山羊的采食特点有明显不同：山羊后肢能站立，有助于采食高处的灌木或乔木的幼嫩枝叶，而绵羊只能采食地面上或低处的杂草与枝叶；绵羊与山羊合群放牧时，山羊总是走在前面抢食，而绵羊则慢慢跟随在后边低头啃食；山羊舌上苦味感受器发达，对各种苦味植物较乐意采食。粗毛羊爱吃草尖和草叶，边走边吃，移动较勤，游走较快，能扒雪吃草，对当地毒草有较高的识别能力；细毛羊及其杂种则吃的是“盘草”（站立吃草），游走较慢，常落在后面，扒雪吃草和识别毒草的能力也较差。

3. 喜干厌湿

羊性喜干厌湿，最忌湿热湿寒，利居高燥之地，说明养羊的牧地、圈舍和休息场所都应以高燥为宜。如久居泥泞潮湿之地，则羊易患寄生虫病和腐蹄病，甚至使毛质变差，脱毛加重。不同的绵羊、山羊品种对气候的适应性不同，如细毛羊喜欢温暖、干旱、半干旱的气候，而肉用羊和肉毛兼用半细毛羊则喜欢温暖、湿润、全年温差较小的气候，但长毛肉用种的罗姆尼羊较能耐湿热气候和适应沼泽地区，对腐蹄病有较强的抵抗力。

根据羊对于湿度的适应性，一般相对湿度高于85%时为高湿环境，低于50%时为低湿环境。

我国北方很多地区相对湿度平均在40%～60%（仅冬、春两季有时可高达75%），故适于养羊特别是养细毛羊；而在南方的高湿高热地区，则较适于养山羊和长毛肉用羊。

4. 嗅觉灵敏

羊的嗅觉比视觉和听觉更灵敏，这与其发达的腺体有关。其具体作用表现在以下三方面。

（1）靠嗅觉识别羔羊。羔羊出生后与母羊接触几分钟，母羊就能通过嗅觉鉴别出自己的羔羊。羔羊吮乳时，母羊总要先嗅一嗅其臀尾部，以辨别是不是自己的羔羊，利用这一点可在生产中寄养羔羊，即在被寄养的孤羔和多胎羔身上涂抹保姆羊的羊水或尿液，寄养多会成功。

（2）靠嗅觉辨别植物种类或枝叶。羊在采食时，能依据植物的气味和外表细致地区别出各种植物或同一植物的不同品种（系），选择含蛋白质多、粗纤维多、没有异味的牧草采食。

（3）靠嗅觉辨别饮水的清洁度。羊喜欢饮用清洁的流水、泉水或井水，而对污水、脏水等拒绝饮用。

5. 善于游走

游走有助于增加放牧羊只的采食空间，特别是牧区的羊终年以放牧为主，需长途跋涉才能吃饱喝好，故常常一日往返里程达到 6～10 km。山羊具有平衡步伐的良好机制，喜登高，善跳跃，采食范围可达崇山峻岭、悬崖峭壁，如山羊可直上直下 60°的陡坡，而绵羊则需斜向做之字形游走。

不同品种的羊在不同牧草状况、牧场条件下，其游走能力有很大区别。例如，兰布列羊每日游走的距离比汉普夏羊多 25%，雪维特羊在山地牧场上和平原草场上每日游走的距离分别为 8 km 和 9.8 km，而同是长毛种的罗姆尼羊则分别为 5 km 和 8 km。在接近配种季节、牧草质量差时，羊的游走距离加大，游走距离常伴随放牧时间而增加。

6. 神经活动

山羊性机警灵敏，活泼好动，记忆力强，易于训练成特殊用途的羊；而绵羊则性情温顺，胆小易惊，反应迟钝，易受惊吓而出现“炸群”。当遇兽害时，山羊能主动大呼求救，并且有一定的抗御能力；而绵羊无自卫能力，易四散逃避，不会联合抵抗。山羊喜角斗，角斗形式有正向互相顶撞和跳起斜向相撞两种，绵羊则只有正向相撞一种。

7. 适应能力

适应能力是由许多性状构成的一个复合性状，主要包括耐粗、耐渴、耐热、耐寒、抗病、抗灾度荒等方面的表现，这些能力不仅直接关系到羊生产力的发挥，同时也决定着各品种的发展命运。例如，在干旱贫瘠的山区、荒漠地区和一些高温高湿地区，绵羊往往难以生存，山羊则能很好地适应。

（1）耐粗性。羊在极端恶劣的条件下，具有令人难以置信的生存能力，能依靠粗劣的秸秆、树叶维持生活。与绵羊相比，山羊更能耐粗，除能采食各种杂草外，还能啃食一定数量的草根树皮，对粗纤维的消化率比绵羊高 3.7%。

（2）耐渴性。羊的耐渴性较强，尤其是当夏秋季缺水时，能在黎明时分沿牧场快速移动，用唇和舌接触牧草，以搜集叶上凝结的露珠。在野葱、野韭、野百合、大叶棘豆等牧草分布较多的牧场放牧，可几天甚至十几天不饮水。但比较而言，山羊更能耐渴，山羊每千克体重代谢需水 188 mL，绵羊则需水 197 mL。

（3）耐热性。由于羊毛有绝热作用，能阻止太阳辐射热迅速传到皮肤，所以羊较能耐热。绵羊的汗腺不发达，蒸发散热主要靠呼吸，其耐热性较山羊差，故当夏季中午炎热时，常有停食、喘气和“扎窝子”等表现；而山羊对“扎窝子”却从不参加，照常东游西窜，气温至37.8℃时仍能继续采食。粗毛羊与细毛羊相比，前者较能耐热，只有当中午气温高于26℃时才开始“扎窝子”；而后者则在22℃左右即有此种表现。

(4) 耐寒性。绵羊由于有厚密的被毛和较多的皮下脂肪，可以减少体热散发，故其耐寒性高于山羊。细毛羊及其杂种的被毛虽厚，但皮板较薄，故其耐寒能力不如粗毛羊；长毛肉用羊原产于英国的温暖地区，皮薄毛稀，引入气候严寒之地，为了增强抗寒能力，皮肤常会增厚，被毛有变密变短的倾向。

(5) 抗病力。放牧条件下的各种羊只要能吃饱饮足，一般全年发病较少。在夏秋膘肥时期，对疾病的耐受能力较强，一般不表现症状，有的临死还勉强吃草跟群。为做到早治，必须细致观察才能及时发现。山羊的抗病能力强于绵羊，感染内寄生虫和腐蹄病的也较少。粗毛羊的抗病能力较细毛羊及其杂种强。

(6) 抗灾度荒能力。指羊只对恶劣饲料条件的忍耐力，其强弱除与放牧采食能力有关外，还取决于脂肪沉积能力和代谢强度。各种羊的抗灾能力不同，故因灾死亡的比例相差很大。例如，山羊因食量较小，食性较杂，抗灾度荒能力强于绵羊；细毛羊因羊毛生长需要大量的营养，而又因被毛的负荷较重，故易乏瘦，其损失比例明显较粗毛羊为多；公羊因强悍好斗，异化作用强，配种时期体力消耗大，如无补饲条件，则其损失比例要比母羊多。

二、消化机能特点

1. 羊消化器官的特点

羊属于反刍类家畜，具有复胃结构，分为瘤胃、网胃、瓣胃和皱胃四个室。其中，前三个胃室总称为前胃，胃壁黏膜无胃腺，犹如单胃的无腺区；皱胃称为真胃，胃壁黏膜有腺体，其功能与单胃动物相同。据测定，绵羊的胃总容积约为30 L，山羊为16 L左右，各胃室容积占总容积比例明显不同，瘤胃容积最大，其功能是储藏在较短时间采食的未经充分咀嚼而咽下的大量牧草，待休息时反刍；内有大量能够分解消化食物的微生物。瓣胃黏膜形成新月状的瓣页，对食物起机械压榨作用。皱胃可分泌胃液（主要是盐酸和胃蛋白酶），对食物进行化学性消化。羊的小肠细长曲折，长度约为25 m，相当于体长的26～27倍。胃内容物进入小肠后，经各种消化液（胰液和肠液等）进行化学性消化，分解的营养物质被小肠吸收。未被消化吸收的食物经小肠进入大肠。

大肠的直径比小肠大，长度比小肠短，约为8.5 m。大肠的主要功能是吸收水分和形成粪便。在小肠没有被消化的食物进入大肠，可在大肠微生物和由小肠带入大肠的各种酶的作用下，继续消化吸收，余下部分排出体外。

羊与其他畜种消化道相对容积的比较见表1—2—1。

表 1—2—1　　羊与其他畜种消化道相对容积的比较

畜别	各消化道部位的容积（%）				肠体为体长的倍数
	胃	小肠	盲肠	结肠和直肠	
绵羊	67%	21%	2%	10%	27
山羊	66%	22%	2%	10%	26
牛	71%	18%	3%	8%	20
马	9%	30%	16%	45%	12
猪	9%	23%	6%	32%	14

2. 羊消化生理特点

（1）反刍。反刍是指反刍草食动物在食物消化前把食团吐出经过再咀嚼和再咽下的活动。其机制是饲料刺激网胃、瘤胃前庭和食管的黏膜引起的反射性逆呕。反刍是羊的重要消化生理特点，反刍停止是疾病征兆，不反刍会引起瘤胃膨气。

羔羊出生后，40 天左右开始出现反刍。羔羊在哺乳期，早期哺饲容易消化的植物性饲料能刺激前胃的发育，可提早出现反刍行为。反刍多发生在吃草之后。反刍中也可随时转入吃草。反刍姿势多为侧卧式，少数为站立。正常情况下反刍时间与放牧采食时间的比值为 0.8∶1，与舍饲采食时间之比为 1.6∶1。

（2）瘤胃微生物的作用。瘤胃环境适宜瘤胃微生物的栖息繁殖。瘤胃内存在大量细菌和原虫，每毫升内容物含有细菌 10^{10}～10^{11}个，原虫 10^5～10^6个。原虫中主要是纤毛虫，其体积大，是细菌的 1 000 倍。瘤胃是一个复杂的生态系统，反刍家畜摄取大量的草料并将其转化为畜产品，主要靠瘤胃（包括网胃）内复杂的消化代谢过程。瘤胃内微生物的主要营养作用如下：

1）消化碳水化合物，尤其是消化纤维素。食入的碳水化合物在瘤胃内受到多种微生物分泌酶的综合作用，使其发酵和分解，形成挥发性低级脂肪酸（VFA），如乙酸、丙酸、丁酸等，这些酸被瘤胃壁吸收，通过血液循环，参与代谢，是羊体最重要的能量来源。据测定，由于瘤胃微生物的发酵作用，羊采食的饲草饲料中有55%～95%的碳水化合物、70%～95%的纤维素被消化。

2）可同时利用植物性蛋白质和非蛋白氮（NPN）构成微生物蛋白质。饲料中的植物性蛋白质，通过瘤胃微生物分泌酶的作用，最后被分解为肽、氨基酸和氨；饲料中的非蛋白氮物质，如酰胺、尿素等，也被分解为氨。这些分解产物在能源供应充足和具有一定数量蛋白质的条件下，瘤胃微生物可将其合成微生物蛋白质（细菌蛋白质占主要成分）。微生物蛋白质含有各种必需氨基酸，且比例合适，组成较稳定，生物学价值高。它随食糜进入皱胃和小肠，作为蛋白质饲料被消化。因而，通过瘤胃微生物的作用，提高了植物性蛋白质的营养价值。同时，在养羊业中，可利用部分非蛋白氮（尿素、铵盐等）作为补充饲料代替部分植物性蛋白质。瘤胃内可合成 10 种必需氨基酸，保证了绵羊必需氨基酸的需要。

3）对脂类有氢化作用。可以将牧草中不饱和脂肪酸转变成羊体内的硬脂酸。同时，瘤胃微生物亦能合成脂肪酸。

4）合成B族维生素。主要包括维生素B1、B2、B6、B12、泛酸、叶酸和尼克酸等，同时还能合成维生素K。这些维生素合成后，一部分在瘤胃中被吸收，其余在肠道中被吸收、利用。

第三节　羊的生态适应性

影响羊的生态因素包括自然生态因素和社会生态因素。自然生态因素包括许多生态因子，有物理的、化学的和生物的。社会生态因素包括经济因素、政治因素以及历史、文化和人们的生活习惯等。这些自然生态因素和社会生态因素共同形成了绵羊、山羊的生态环境。

在自然生态因素中，物理因素最重要，对化学因素和生物因素起决定性作用。化学因素和生物因素是物理因素的表现，以下就是影响绵羊、山羊的生态物理因素。

一、气温

在自然生态因素中，气温是对绵羊、山羊影响最大的生态因子，它直接或间接地影响绵羊、山羊的各种表现和分布。羊是恒温动物，体温必须保持在适度的狭窄范围内。

在我国北方地区，夏秋季节的温度基本上处在绵羊、山羊的等温区（或舒适区），也正是水草丰盛、牧草营养价值较高的时期，在这个阶段，羊的新陈代谢旺盛，食欲较旺盛，采食量大，是绵羊、山羊放牧抓膘的良好时机。一般情况下，放牧羊群每年通过夏秋3～4个月的放牧抓膘，每只羊平均增重都在10 kg以上，为随后的越冬打下良好的基础。但是在冬春季节温度过低时，特别是在风速大、空气湿度大或降雪的情况下，对绵羊、山羊的健康危害较大，此时体热散失较多，加之采食能量不足，往往使羊出现肌肉收缩、躯体卷曲、打寒战等冷应激现象，严重时脉搏缓慢，新陈代谢降低，呼吸变慢，血液循环失调，甚至冻僵而死。这个时期是我国北方牧区绵羊、山羊特别是羔羊饲养管理的关键时期。

在我国南方地区，夏秋季节温度很高，气温超过30℃的天数较多。这个时期，绵羊、山羊的采食行为和采食量减少，甚至停止采食，在中午高温时经常出现扎群喘息的现象，体温升高，心率加快，呼吸频率增加，继而发生中暑甚至死亡。因此，在我国南方地区，夏季降温是饲养绵羊的关键。防暑降温的主要措施包括：遮阳，避免阳光直射羊体，加强羊舍通风以利于羊体散热，剪毛以及采取早晚放牧制度等。

气温对绵羊、山羊的繁殖也有明显的影响。一般来说，高温比低温对羊的繁殖力影响更大。高温使母羊的发情率、受胎率、产羔率降低，使公羊的性欲下降，精液的数量和质量降低。

二、湿度

空气相对湿度的大小也影响羊只体热的散发。在一般温度条件下，湿度对羊的体热的调节影响较小。但在高温时，由于羊主要靠蒸发散热，空气的相对湿度越高，羊体的蒸发散热效率就越低，所以在高温高湿的环境中，羊体散热更为困难，易引起羊特别是细毛羊的热应激。此外，在高温高湿的环境中，有利于微生物和寄生虫的繁殖，因此，也容易造成羊的各种疾病，特别是腐蹄病和寄生虫病。

低温高湿的环境不利于羊的健康，羊容易患各种呼吸道疾病和风湿病、关节病等疾病。

由于降水量与空气湿度呈正相关关系，因此，当降水量太大时，与高湿度一样不利于羊的健康。一般来说，羊较喜欢温暖干燥的气候环境。

三、光照

光是一个极为重要的环境因子，影响羊的内分泌，特别是激素的分泌。光照对羊繁殖功能影响的具体生理机制是很复杂的，但有明显的作用。光照周期控制着羔羊的性成熟时间，羔羊出生后，必须经历光照时间由长变短的光周期变化才能在正常年龄达到性成熟。

四、风

风作为生态因子主要影响羊的散热和行为，一般情况下风对羊的繁殖没有直接影响。风可以加速羊体水分的蒸发和热量的散失，间接影响羊的能量代谢和水代谢。风力较小时有利于羊的放牧采食，特别是在夏季气温较高时，一方面可以帮助羊增加散发的体热量，减少热应激，同时也减少蚊蝇对羊采食的干扰，因此，风力较小（3～4 级）对羊的生长发育是有利的。但是当风力大时，一方面可引起羊体热量过度散失，特别是在冬春寒冷季节，往往增加羊的冷应激，致使羊因寒冷而冻死。另一方面，当风速达 6～7 m/s（相当于 4 级以上风力）时，在北方干旱草原区易形成沙流，引起羊群惊慌而发生“炸群”现象，对羊的健康影响很大。此外，风也可以影响羊毛的品质（如净毛率），引起传染病和寄生虫的传播。

五、海拔

海拔对羊的影响主要是通过气压、空气氧含量以及水热等因素起作用的。海拔高度主要影响羊的分布。羊只在从低海拔地区向高海拔地区引种时，常产生高山反应，这种高山反应的起始海拔取决于纬度、地形及羊的品种。一般随纬度的增加，开始出现高山反应的海拔高度逐渐下降。如在低纬度地区开始出现高山反应的海拔高度为 3 000～5 000 m，在中纬度地区约为 2 500 m，而在高纬度地区为 1 500 m 左右。在地形平坦、气候干燥的高原地区，高山反应的起始海拔高度比同纬度但地形破碎、气候湿润的高山地区高些。另外，高山反应在冬季比夏季多发且严重，这与气温低，羊的耗氧量增加，呼吸道容易感染等因素有关。因此，我国在海拔 3 000 m 以上的高原地区或山区发展养羊业或进行季节性放牧时，尤其是从低海拔地区向高海拔地区引种羊时，应特别注意高山病的发生，即使是能够适应高原气候的品种，也要逐步过渡，使羊体对缺氧、低气压等高海拔条件逐步适应。

六、地形与土壤

羊是以放牧为主的家畜。放牧的效果一定程度上影响羊的生长、发育乃至生存。放牧的效果与放牧的地形特点有很大关系。平缓的牧场有利于放牧，而在坡度较大、地形复杂的山地牧场，放牧效果随羊品种的不同而差异很大，如从新西兰引入我国的罗姆尼羊放牧游走能力较差，对坡度较大的牧地反应敏感，其放牧效果就很差；而我国一些地方山羊品种在坡度较大的山地放牧的效果很好。一般认为山羊可在坡度 45°以上的山地放牧，而绵羊较适宜于在坡度 25°以下的丘陵牧地放牧。

土壤是自然环境中的重要因素，直接或间接地影响养羊生产。特别是土壤中的矿物元素，通过生长在土壤上的植物而影响羊的健康。如我国南方酸性土壤中有效钙磷含量低，因此植物以及羊普遍存在钙、磷缺乏问题。我国陕西、甘肃的部分地区土壤中缺硒，这些地区的羊及其他家畜常常发生缺硒性白肌病；又如，在新疆某些地区，由于土壤中缺铜，经常流行或散发一种以后肢运动失调或瘫痪为主要特征的羔羊常见病，称为“摆腰病”。土壤对羊的影响除通过上述矿物元素作用外，还与生长在不同土壤上植被的其他营养物质含量有关。一般来说，温带天然草地牧草的营养价值要比热带、亚热带牧草的营养价值高。另外，土壤类型还与羊的某些非营养性疾病有关，如我国南方地区的黏性土壤，由于透气性差，含水量高，常使羊的蹄、皮肤和被毛受到影响，易患腐蹄病、寄生虫病、湿疹和关节炎等疾病，而沙性土壤则不易发生这些疾病。

七、季节

季节对羊的影响实际上是各种自然因素综合起来对羊作用的结果。羊长期适应季节交替变化的结果使羊的生长、发育和生殖等一系列生命活动也呈季节性变化。

首先，季节变化引起的植物生物量变化是季节对羊影响的最大因素。在我国北方草原区，羊的体重随季节植物生物量的变化而呈规律性波动，形成“夏饱、秋肥、冬瘦、春乏”的现象。在北方地区，羊的产羔季节为春季，这样有利于羔羊出生后的生长发育，因而也有利于种群的延续。而在南方地区，由于植物生物量的季节性变化较小，常年有丰富的饲料供应，羊的繁殖也基本不受季节的影响，多数品种都可四季繁殖。

思 考 题

1. 世界上有哪些著名的绵羊品种?

2. 简述我国饲养的肉羊品种、分布及其优缺点。

3. 简述我国饲养的奶山羊品种、分布及其优缺点。

4. 试述羊的生物学特性及生态适应性。

第二章　羊场建筑与设备

学习目标：

◆熟知场址选择的条件，掌握羊场建筑物布局的要求
◆了解羊的饲养方式，掌握羊舍建筑形式及环境控制标准
◆熟悉暖棚羊舍设计要求
◆了解养羊的主要设备

羊场按生产性质和任务的不同大致可分为种羊场、商品羊场和综合性羊场。由于我国各地的生态环境、社会经济条件、羊的生产方向、品种、饲养管理方式以及养羊生产的差异，因而羊场的建设与设备不尽相同。本章着重介绍羊场建设中关于场址选择、羊舍建筑设计、养羊主要设备的内容。

第一节　羊场布局与建筑

一、场址选择

场址选择应充分考虑羊场的生产特点（种羊场或商品羊场）、饲养管理方式（舍饲或放牧）以及生产集约化程度等，对地势、风向、土质、水源、位置（交通、供电、居民区、工厂区等）、面积等条件进行具体选择。

1. 地势与地形选择

地势要高燥，地下水位应在 2 m 以下，要向阳避风。地形要开阔整齐，场地不要过于狭长或边角太多；地面要平坦而稍有坡度，坡度以 1%～3%较为理想，最大不得超过 25%；场地应充分利用自然地貌，如林带、山岭、河川、沟谷等作为场界的天然屏障。符合以上条件的地方一定不会造成场区地面潮湿、空气污浊、阴冷、闷热等现象。

2. 风向选择

我国地域辽阔，各地气候差异悬殊，南方天气酷热而潮湿，北方干燥而寒冷，又有明显

季风特征，夏季盛行东南风，冬季常受北方寒流侵袭。所以在场址选择时应充分利用地形挡风，重点避开冬季北风通道，场地一般都应选择坐北朝南或东南方向。在炎热地区应充分利用东南风的主风道，以利场区通风降温避暑。

3. 土质选择

羊场地面的土质选择应以沙壤土类为主。沙壤土类具有沙土的透气、透水性好，持水性小，雨后不会泥泞，易于保持适当的干燥，可防止病原菌、寄生虫卵、蚊蝇等滋生，有利土壤本身的自净等优点；又具有黏土的导热性小，热容大，土温比较稳定，易于植树绿化等优点。所以，沙壤土类土质更符合羊场建设要求。

4. 水源选择

水源是羊场建设中必须慎重考虑的一个条件。良好的水源必须水量充足，能满足人、畜饮用和其他生产、生活用水，并要有余量；水质良好，最理想的是不经处理即能符合饮用标准；取用方便，投资少，处理技术简便易行；便于防护，以确保水质、水量稳定，不受污染。在水源选择时首先选用地下水或泉水，因为地下水或泉水经过土壤过滤，封闭性好，受污染机会少，较洁净、稳定，是最好的水源。其次选用水量大、流动性好的地表水。

5. 位置选择

场址的位置选择重点考虑：交通要方便，但不能靠近主要公路，集约化羊场最好离公路主干道 100～300 m，便于防疫和防噪声；电力供应要有保障，且靠近输电线路，减少供电投资；远离居民区和厂区，不受周围环境污染，也不影响周围环境。可适当考虑放牧问题。

6. 面积选择

羊场面积要根据饲养数量、管理方式、集约化程度及饲料供应情况等因素确定。生产区与生活区及未来的发展要相互兼顾，并要留有余地。一般羊场生产区的面积按每只羊占10～20 m^2 计算，种羊场每只羊占的面积多一些，商品羊场每只羊占的面积可适当少一些。

二、羊场建筑物布局

羊场通常划分为生产区（包括羊舍、饲料储存、加工、调制等）、管理区（包括办公、畜产品加工及储存、车库、油库等）、生活福利区、病畜隔离区及粪便处理区 5 个部分，如图 2—1—1 所示。在规划布局时，要充分考虑各分区的特点和需要，因地制宜，统筹规划，合理利用地形地物，并留有发展余地。

生活福利区应占羊场上风和地势较高的地段，其余依次为管理区、生产区、病畜隔离区、粪便处理区。各区地势、风向配置如图 2—1—2 所示。粪便处理区位于最低地段和下风处。这样有利于保证生产生活不受不良气味、噪声及粪便污染，有利于卫生防疫。

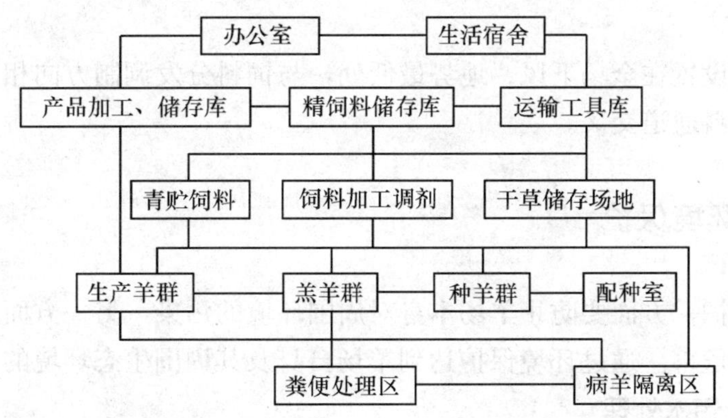

图 2—1—1 各功能区建筑物之间的联系

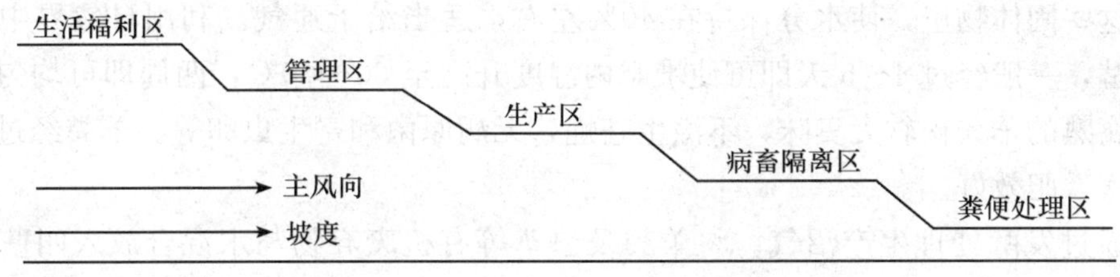

图 2—1—2 各区地势、风向配置示意图

1. 生产区

生产区是羊场的核心部分。根据生产规模大小、饲养目的和饲料条件等因素进行全面规划和配置，并有侧重。饲料的供应、储存、加工调制是羊场重要的生产环节。羊场对干草需要量大，其堆放场地要大，位置既要方便运输，又要有利于防火安全。要考虑羊舍与放牧场、打草场及青饲料地的联系，生产区应设置在放牧管理方便，距离草地最近的地方。

为保证防疫安全，应将种羊、羔羊、生产羊群分开，设在不同地段，分区饲养管理。种羊群、羔羊群应放在防疫比较安全的上风地段。

2. 管理区

管理区与生产区应严加隔离，管理区应设在靠近交通干线，进出方便的位置，并靠近居民生活区。羊场的产品加工、储存与营销活动密切，可放在管理区。羊场的物资运输与外界联系频繁，应注意防止传播疫病，有必要分开场内运输与场外运输。场外运输工具不得随意进入场内生产区，其车棚、车库应设在管理区。

3. 生活福利区

生活福利区包括职工宿舍、食堂、商店、娱乐活动场所等，应放在羊场的上风和地势较高地段。生活福利区尽量靠近管理区，交通要方便。

4. 病畜隔离区

为防止疫病传播与蔓延，病畜隔离区应设在生产区的下风与地势较低处，并与生产区保持一定距离。病畜隔离区要设单独通道与出入口，尽量与外界隔绝。

5. 粪便处理区

粪便处理区应设置在全场下风、地势最低处，与饲料分发调制方向相反的一侧。位于羊舍远端，避免与饲料通道交叉。

三、羊场的环境保护

羊场的环境保护一方面要防止羊场本身对周围环境的污染，另一方面还要避免周围环境对羊场可能造成的危害。通过环境保护达到羊场自身及其周围生态环境的良性发展。

1. 羊的粪尿及污水处理

（1）通过发酵处理用做肥料。将羊粪及垫草等固体有机废弃物堆放起来，羊尿及污水可以浇渗到这些固体物里，使水分保持在40%左右，适当给予通气。利用自然界中的好气性微生物发酵，一般经过4～5天即可使堆肥内温度升高至60～70℃，两周即可均匀分解，充分腐熟。腐熟的羊粪松软无臭味，不滋生苍蝇，无病原菌和寄生虫卵等。羊粪经过腐熟处理后，无公害，肥效好。

（2）通过发酵处理生产沼气。将羊粪及垫草等有机废弃物与水混合放入四壁不透气的沼气池中，上面加盖密封，经过好气性微生物分解，将粪草中的多糖分解成单糖；在氧已耗尽的无氧环境下，厌氧性细菌开始活动，再将单糖分解成乙酸、二氧化碳、氢或乳酸；厌氧菌继续活动，使乳酸中的氢与无机物中的氧结合成水及乙酸；最后，甲烷菌将乙酸变成甲烷和二氧化碳。甲烷气体积累到一定体积后形成压力，通过管道引出即可使用。

（3）污水处理。污水处理主要通过分离、分解、过滤、沉淀等过程。污水中的固形物一般只占1/6～1/5。污水中的固形物可用分离机分离，分离出的固形物便可作堆肥肥田。分离后的稀液可通过生物滤塔，依靠生物膜分解污水中的有机物质使其达到净化。沉淀也是一种净化污水的有效手段，目的是使一部分悬浮物质通过静置一段时间后下沉。沥去上清液，底部的淤泥用泥泵抽出作堆肥。上清液可以排入下水道，也可以用做羊舍冲刷用水。

2. 绿化环境

绿化场区周围环境可以明显改善场区小气候。通过树木的蒸发吸热，可以使夏季气温下降，减少太阳辐射，产生对流空气，有利于避暑降温。树木还能净化空气，吸收氨、二氧化碳，释放氧气，减少尘埃，降低噪声，减少空气及水中的细菌含量，有利于羊场卫生防疫。

3. 保护水源

保护水源，确保水源不被污染，是羊场管理的重要环节。保护水源，既要防止场区污水渗漏进入水源，又要防止周围工矿企业及居民生活污水进入水源区，污染水源。加强水源管理，注意水质监测，确保人、畜饮水务必达到国家饮用水的卫生标准。

第二节 羊舍建筑

一、羊舍建筑的基本要求

1. 基本参数要求

（1）羊舍建筑参数。一般跨度为6.0～9.0 m，净高（地面到天棚）为2.0～2.4 m。单坡式羊舍，一般前高2.2～2.5 m，后高1.7～2.0 m，屋顶斜面呈45°。

（2）面积参数。各类羊占用畜舍的面积见表2—2—1。

表2—2—1　　各类羊占用畜舍的面积

羊别	面积（m^2/只）	羊别	面积（m^2/只）
种公羊	4～6	春季产羔母羊	1.1～1.6
一般公羊	1.8～2.25	冬季产羔母羊	1.4～2.0
去势公羊和小公羊	0.7～0.9	1岁母羊	0.7～0.8
去势小羊	0.6～0.8	3～4月龄羔羊	占母羊面积的20%

产羔室面积可按20%～25%基础母羊所占面积计算，运动场面积一般为羊舍面积的2～2.5倍。

（3）温度参数。冬季一般羊舍温度应在0℃以上，产羔室温度应在8℃以上；夏季羊舍温度不应超过30℃。

（4）湿度参数。一般羊舍空气相对湿度应在50%～70%，冬季应尽量保持干燥。

（5）通风换气参数。封闭羊舍排气管横断面积可按0.005～0.006 m^2/只计算，进气管面积为排气管面积的70%。

（6）采光参数。圈舍要求光线充足。采光系数，成年绵羊为1∶（15～25），高产绵羊为1∶（10～12），羔羊为1∶（15～20）。

（7）羊舍门窗。一般200只羊设一个大门，门宽2.5～3.0 m，高1.8～2.0 m。一般窗宽1.0～1.2 m，高0.7～0.9 m，窗台距地面1.3～1.5 m。

2. 基本构造要求

（1）地基。地基为支持整个建筑物的地下部分。简易羊舍和小型羊舍负荷小，可直接建在天然地基上，天然地基也必须具备足够的承载能力。对于大型和现代化羊舍，要求地基必须具有足够的承重能力。必须用砖、石、水泥、钢筋混凝土等建筑材料作为地基。地基应具有坚固持久、抗机械振动、抗冲刷、防潮等功能。

（2）墙壁。羊舍墙壁要坚固耐久、厚度适宜、无裂缝、保温防潮、耐水、抗冻、抗震、防火、易清扫消毒。在材料选择上宜选用砖混结构。空心砖、多孔砖保温性好、容重低。为了防止吸潮，可用1∶1或1∶2的水泥勾缝和抹灰。墙壁厚度可根据气候特点及承重情况采用12墙（半砖厚）、18墙（3/4砖厚）、24墙（一砖厚）和37墙（一砖半厚）等。

（3）屋顶。羊舍屋顶要求保温不漏雨，可采用多层建筑材料建造。由于舍内上部温度高，屋顶内外温差大，所以屋顶的保温隔热作用特别重要。羊舍多采用双坡式屋顶，小型羊舍也可用单坡式。

（4）地面。舍内地面是羊躺卧休息、排泄和活动的地方，也称羊床，其保暖性与卫生很重要。所以，羊床应具有较高的保温性能，多采用导热性小、不渗水的材料建造。必须致密、坚实、平整、无裂隙、不硬、不滑、躺卧舒服，且有利于预防蹄病。羊床以1.0%～1.5%的坡度倾斜，便于排流污水，有助于卫生和清扫。目前，羊舍多采用砖地和土质夯实地面，如有条件可做沥青地面或有机合成材料地面。

（5）天棚。为了使羊舍冬季保温、夏季防热，常设置天棚。天棚要用导热性小、结构严密、不透水、不透气、表面光滑的材料制作。

（6）门窗。一般每栋羊舍开设2个门，一端一个，正对通道，不设门槛和台阶，门要向外开启。较长的或带运动场的羊舍可视羊群大小及生产技术要求在纵墙上开门。门的数量一般应尽量少些，并在向阳背风一侧。在寒冷地区为保温，常设门斗以防冷空气侵入并缓和舍内热量外流。门斗深度应不小2 m，宽度比门大出1～1.2 m。

窗户的数量视采光需要和通风情况而定，一般朝南窗户大些，朝北窗户小些，且南北窗户不对开，避免穿堂风。窗户的底边高度要高于羊背20～30 cm。屋顶设窗户更有利于采光和通风，但散热多，羊舍保温困难，必须统筹兼顾。

二、羊舍的建筑形式

由于各地天气条件的差异和饲养方式的不同，我国羊舍的建筑形式很多。按屋顶形式分类可分为单坡式、双坡式及拱形等。按通风情况及羊舍结构与墙壁封闭的严密程度，羊舍可划分为封闭舍、半开放舍、棚舍及塑料暖棚羊舍等类型。

1. 封闭舍

封闭舍四周有墙壁保护，通风换气依赖于门、窗和通风管。这种羊舍保温性好，适合较寒冷的北方地区采用。封闭式长方形羊舍如图2—2—1所示。

2. 半开放舍

半开放舍是上有屋顶，三面有围墙保护，一面无长墙或仅有一半高的墙。这种羊舍冬季保温不如封闭舍，但比棚舍保温性好且避风。夏季通风状况好于封闭舍，但不如棚舍。所以，半开放式羊舍适于冬季不太冷、夏季不太热的中部地区采用。

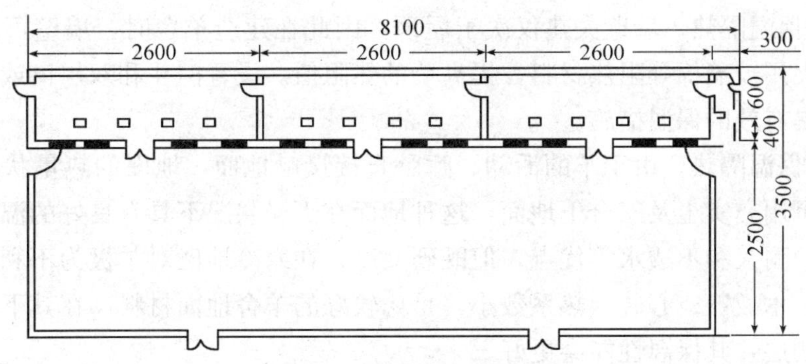

图 2—2—1　封闭式长方形羊舍示意图（单位：cm）

3. 棚舍

棚舍为四周无墙，仅有顶棚的建筑。棚舍可以防止日晒，四周敞开可使空气流通，能有效防暑，在天气炎热地区广泛应用。在北方地区，也常在运动场设凉棚与封闭舍或半开放舍配套使用，以防夏季过强的太阳辐射和酷热可能对羊造成的不良影响。

4. 塑料暖棚羊舍

塑料暖棚羊舍是通过塑料棚膜采集太阳能，以保持羊舍冬、春季节温暖。所以，暖棚要建在东、南、西三个方向都没有遮光物，在早晨、傍晚均能受到阳光照射的开阔地方，并要避开风口。暖棚羊舍又可以分为棚式和半棚式两种。棚式塑料暖棚其顶部膜覆盖，多为南北走向，光线从棚顶东面及棚顶西面进入，日照时间长，光线均匀。但这类暖棚跨度大，建筑材料要求严格。抗风、耐压程度比较差，在大风和大雪环境下难以保持平稳；散热面大，夜间保温性差，因此适用性受到一定限制。半棚式塑料暖棚的顶部的一部分为塑料薄膜覆盖，另一部分为土木结构，这是目前普遍推广使用的一种类型，其特点是抗风、抗雪、保温、建造成本低，并容易维修。这类暖棚覆盖塑料的一面是斜面式的，称为单坡型暖棚；覆盖塑料的一面是拱面式的，称为半拱型暖棚。

三、羊舍环境控制

羊舍环境控制就是通过人工手段克服羊舍不利环境因素的影响，建立有利于羊健康和生产的环境条件。其主要措施包括羊舍的防寒避暑、通风换气、采光照明等。

1. 羊舍的防寒避暑

防寒避暑的目的在于克服大自然寒暑的影响，使舍内温度始终保持在符合羊所要求的适宜温度范围内。

（1）羊舍的防寒保温。寒冷地区，羊舍防寒保温的主要途径如下：

1）屋顶的保温隔热。屋顶面积大，舍内上空温度较高，在寒冷季节，热量容易从屋顶散失。设置天棚是减少屋顶散热的有效办法。

2）墙壁的保温隔热。墙壁失热仅次于屋顶，因此在建造羊舍时，墙壁可选用空心砖代替普通砖，或夹用玻璃棉等阻热材料，提高墙的热阻值。设置门斗和双层窗或临时加塑料门窗帘子等，也是有效的保温措施。

3）地面的保温隔热。由于羊的活动、睡卧直接接触地面，地面的热量状况直接影响羊体。简易羊舍可用夯实土及三合土地面，这种地面在干燥状况下具有良好的温热特性。水泥地面具有坚固、耐久和不透水等优点，但既硬又冷，在寒冷地区对羊极为不利，用做羊床必须要增铺垫草、木板。空心砖导热系数小，是比较好的羊舍地面材料，在其下面再加一层油毡或沥青等防潮层，其保温性能会更好。

4）选择有利的羊舍朝向。羊舍以南向为好，有利于保温采光。

5）防寒管理。在寒冷的冬季，适当提高舍内羊的饲养密度，采取严格的防潮措施，有利于羊舍防寒；铺设垫草有利于改善羊体周围的小气候，是防寒的一项有效措施。

（2）羊舍的避暑降温。在炎热地区，羊舍避暑降温的主要途径如下：

1）屋顶隔热。屋顶选择良好的隔热材料，减少太阳辐射热。设置天棚或双层屋顶，也能有效地减少太阳辐射热。

2）选择主风向，加强通风散热。通风散热是炎热地区夏季羊舍避暑的主要措施。为了保证有良好的通风，应选择在开阔、通风良好的地方修建羊舍。羊舍的朝向应尽量面对夏季的主风向，以确保夏季有穿堂风通过，使羊体周身凉爽。

3）遮阴、绿化。给窗户上增加遮阳板，加宽羊舍屋檐，挂竹帘，搭凉棚以及植树、种棚架攀缘植物等遮挡阳光直射进入羊场，能缓和舍内过热。绿化羊舍周围环境，通过植物的蒸腾作用和光合作用吸收热，有利于降低气温，改善小气候状况。

4）舍内降温。舍内降温常用喷雾和淋浴办法以增加皮肤的蒸发散热，也可用冷水直接吸收被毛、皮肤的热。

2. 羊舍的通风换气

通风换气的目的在于排除羊舍内过多的水汽和热量及舍内产生的有害气体和臭味。

畜舍的通风装置在我国广泛采用流入排出式系统，即进气管均匀设置在羊舍纵墙上，排气管均匀设置在羊舍屋顶上。进气管间距为 2～4 m，排气管间距为 1～2 m。进气管可分别设置在纵墙距天棚 40～50 cm 处及距地面 10～20 cm 处，设调节板，以控制进风量。冬季用上面的进气管，同时封住下面的进气管，避免羊体受寒。夏季用下面的进气管，封住上面的进气管，有利羊体凉爽。排气管一般设置在羊床上方，沿屋脊两侧交错垂直安装在屋顶上，下端由天棚开始，上端高出屋脊 0.5～0.7 m，管内设调节板以控制排风量。排气管上设置风帽，以防止降水落入或发生灌风。

羊舍的机械通风也称强制通风，有负压通风、正压通风和联合通风三种方式。负压通风也称排气式通风或排风，是通过风机抽出舍内污浊空气，舍内空气变稀薄，压力变小，舍外新鲜空气通过进气口或进气管流入舍内而形成舍内外空气交换的方式。负压通风比较简单，投资少，管理费用也较低，因此畜舍多采用负压通风。

正压通风也称进气式通风或送风，是通过风机将舍外新鲜空气强制送入舍内，使舍内压力增高，舍内污浊空气经风口或风管自然排走的换气方式。这种通风方式的优点在于可对进入的空气进行加热、冷却以及过滤等预处理，可有效保证舍内适宜的温度、湿度，适用于严寒或炎热地区。但是，这种通风方式比较复杂，造价高，管理费用高。

联合式通风系统是一种同时采用机械送风和机械排风的方式，适用于无窗大型封闭舍。

3. 羊舍的采光照明

为使舍内得到适当的光照，必须合理设置采光，控制羊舍采光的主要途径如下：

（1）窗户面积。羊舍窗户面积越大，采光越好。窗户面积常用采光系数表示。采光系数指窗户的有效采光面积与舍内地面面积之比。不同羊舍采光系数要求不同，如成年绵羊舍采光系数要求为 1∶(15～25)，羔羊舍要求为 1∶(15～20)。

（2）入射角。入射角是畜舍地面中央的一点到窗户上缘（或屋檐）所引的直线与地面水平线之间的夹角。入射角越大，越有利采光，一般羊舍入射角应不小于 25°，入射角与透光角如图 2—2—2 所示。

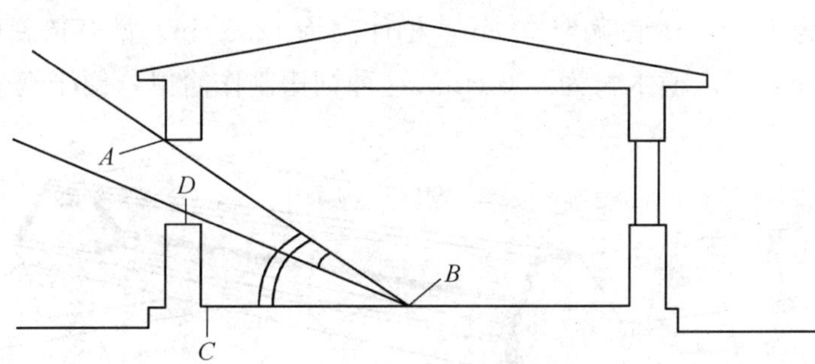

图 2—2—2　入射角与透光角

图中 A 为窗户上缘，B 为畜舍中央的一点，C 为墙与地面垂直交点，D 为窗户下缘，$\angle ABC$ 为入射角，$\angle ABD$ 为透光角，为了防寒和防暑，可以通过窗户和屋檐的合理设计达到。当畜床后缘与窗子上缘（或屋檐）所引直线同地面水平线之间的夹角等于当地冬至的太阳高度角时，就可使太阳在冬至前后直射在畜床上。

（3）透光角。透光角也称开角，即畜舍地面中央一点向窗户上缘（或屋檐）和下缘引出两条直线所形成的夹角（$\angle ABD$）。透光角越大，越有利于光线进入，为了保证舍内有适宜的光照强度，透光角一般不小于 5°。

（4）玻璃。一般玻璃可以阻止大部分的紫外线，脏污的玻璃可以阻止 15%～59%的可见光，结冰的玻璃可以阻止 80%的可见光。

（5）其他。舍外其他高大建筑物或大树，如果距离圈舍太近会遮挡阳光，影响畜舍采光。

第三节　养羊的主要设备

一、饲料设备

1. 饲槽

饲槽用于舍饲或补饲，专门给羊饲喂精饲料、颗粒料或短草。常用的饲槽有固定式水泥槽和移动式木槽两种。

（1）固定式水泥槽。由砖、土坯及混凝土砌成。槽体一般高 23 cm，槽内径宽 23 cm，深 14 cm，槽壁应用水泥砂浆抹光。槽长依羊的数量而定，一般按大羊每只 30 cm、羔羊每只 20 cm 计算。

（2）移动式木槽。用厚木板钉成，如图 2—3—1 所示。一般饲槽长 200～300 cm，顶高为 67.5 cm，顶宽为 4 cm，槽底宽为 30 cm，槽体高为 12.5 cm，槽开口斜面高为 25 cm，槽内隔板高为 37.5 cm，稳定横木长为 100 cm。这种饲槽制作简单，便于携带。

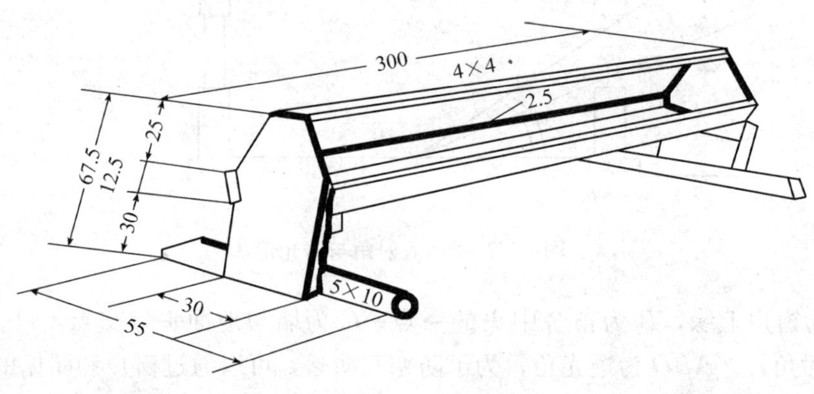

图 2—3—1　移动式木槽（单位：cm）

2. 饲草架

羊爱清洁，喜吃干净饲草，利用草架喂羊，可避免羊践踏饲草，减少浪费。饲草架形式多种多样，如图 2—3—2 所示，有长方形草架、三角形草架、联合式草架等。草架的设置长度，成年羊按每只 30～50 cm，羔羊按每只 20～30 cm 计算。草架隔栅间距以羊头能伸入栅内采食为宜，一般为 15～20 cm。

3. 饮水设备

羊舍内或放牧场内必须设置固定的足够羊位数的饮水槽。饮水槽专用于饮水，可用砖、石砌或用木板制作。

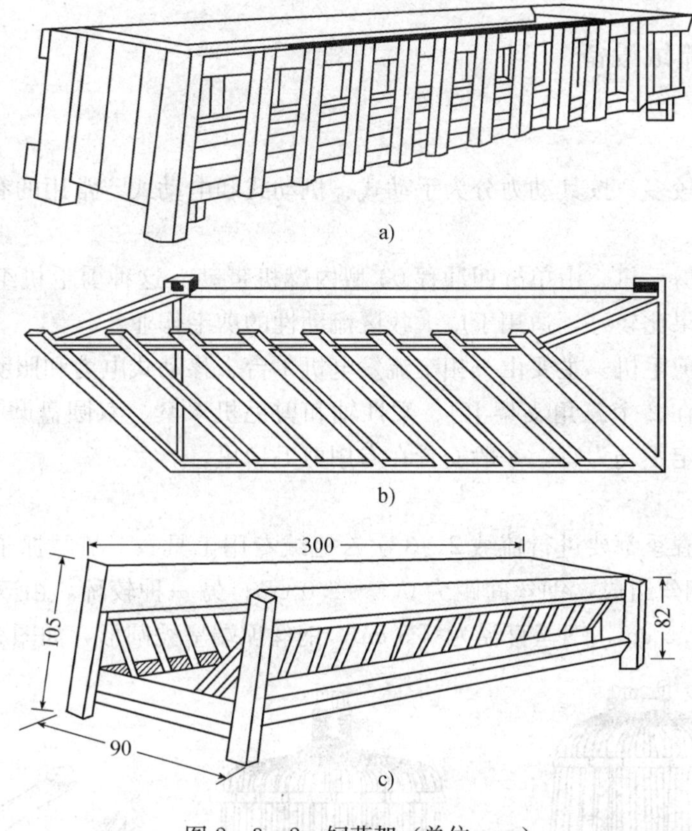

图 2—3—2　饲草架（单位：cm）

a）长方形草架　b）三角形草架　C）联合式草架

4. 母子栏

在母羊产羔后，为了将母羊与羔羊从大群中分开隔离，使母羊采食与羔羊吮乳不受其他羊的干扰，而专门设计制作的栅栏称为母子栏，如图 2—3—3 所示。每块栏高 100 cm，长 120～150 cm。常用的有重叠围栏、折叠栏和三角架围栏。

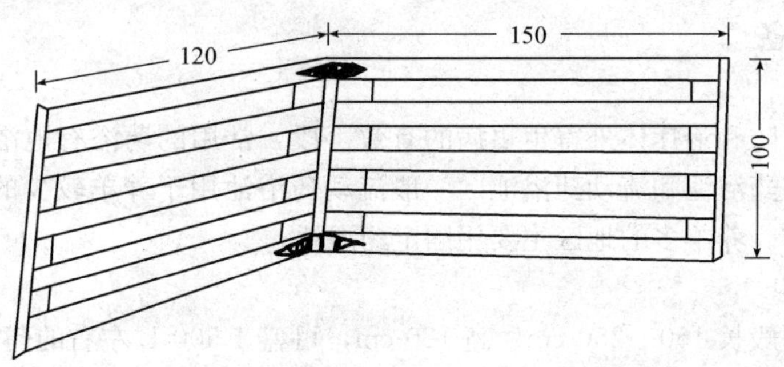

图 2—3—3　母子栏（单位：cm）

二、剪毛和梳绒设备

1. 剪毛设备

剪毛机的类型较多，按其动力分为手动式、机动式和电动式。常用的有四头机动剪毛机和六头电动剪毛机。

（1）四头机动剪毛机。由单缸四冲程 03 型内燃机带动。这种剪毛机组的特点是构造简单，使用方便，效果比较好，适用于广大牧区流动性的剪毛作业。

（2）六头电动剪毛机。主要由三相交流发电机 1 台、移动式电力和照明电线 1 套、小型电动机 6 个（悬挂在 2 个三角支架上）、柔性轴和剪毛机 6 套、双圆盘磨刀装置 1 套组成。剪毛机比较重，固定不动为宜，一般安置在专用剪毛房里。

2. 梳绒用具

绒用山羊每年春季都要进行梳绒 2～3 次，梳绒专用工具——梳绒抓子有两种：一种较密，由 12～14 根钢丝组成，钢丝间距为 0.5～1.0 cm；另一种较稀，由 5～8 根钢丝组成，钢丝间距为 2.0～2.5 cm，钢丝直径为 0.3 cm，钢丝顶端呈秃圆形，如图 2—3—4 所示。

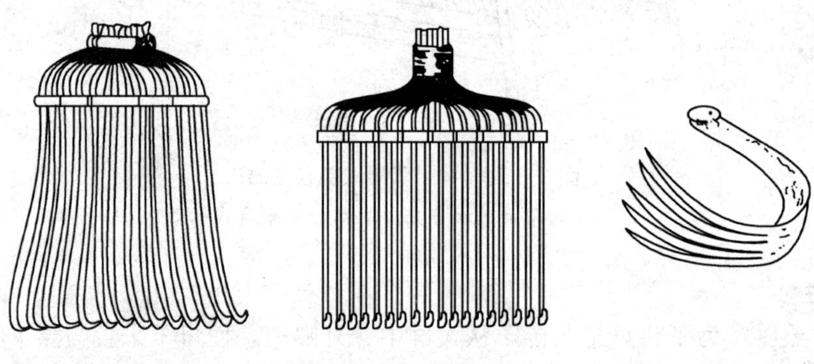

图 2—3—4　梳绒抓子

三、药浴设备

药浴是绵羊预防和治疗体外寄生虫病的有效手段，常用的药浴有池浴法和淋浴法两种。药浴池也分为固定药浴池和流动药浴池。一般流动药浴池用于养羊较少的地区，可用帆布、木槽、铁桶等制作。养羊多的地区主要用固定药浴池。

1. 小型药浴池

小型药浴池一般长 150～250 cm、高 120 cm，可盛 1 500 L 左右的药液，一次可同时浴 3～4 只小羊或 2～4 只成年羊。

2. 大型药浴池

大型药浴池可用水泥、砖、石等材料砌成长方形，如图 2—3—5 所示。一般长 10～

12 m，池上部宽 60～80 cm，池底宽 40～60 cm，以羊能通过而不能转身为准，深 1.0～1.2 m，入口处设喇叭形围栏，使羊单排依顺序进入浴池。浴池入口呈陡坡，羊走入时可迅速滑入；出口有一定倾斜坡度，斜坡上有小台阶或横木条，主要用途是不使羊滑倒，且羊在斜坡上可停留一些时间，使身上余存的药液流回浴池。

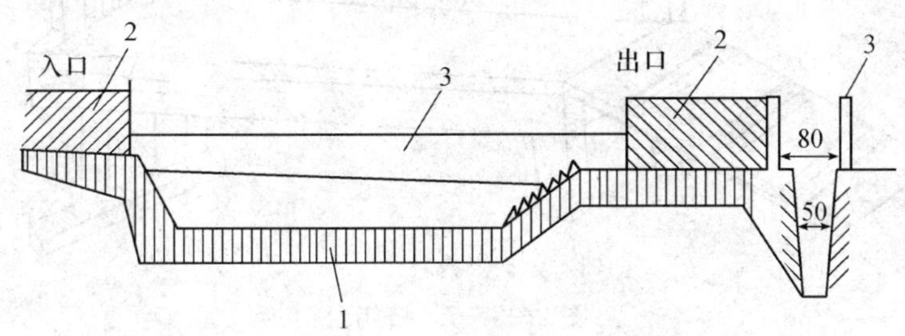

图 2—3—5　大型药浴池的断切面（单位：cm）

1—三合土水泥池基础　2—羊栏　3—浴池两侧隔壁

3. 淋浴式药浴装置

淋浴式药浴装置由机械喷淋部分和地面建筑组成，如图 2—3—6 所示。机械部分包括上喷管道、下淋管道、喷头、过滤筛、搅拌器、螺旋阀门、水泵、电动机等，地面建筑包括淋场、待淋场、滴液栏、药液池和过滤系统等。

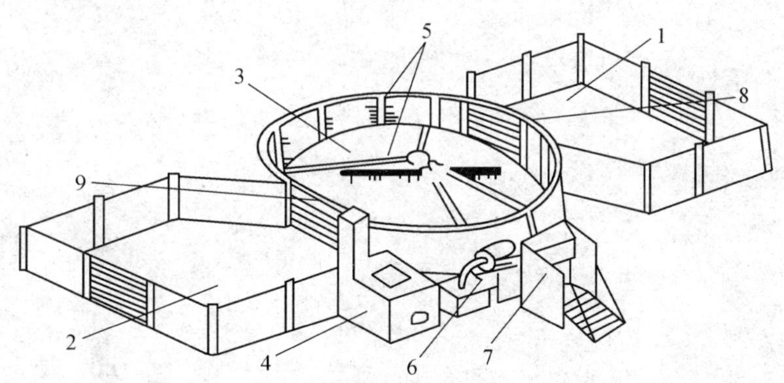

图 2—3—6　淋浴式药浴装置

1—未浴羊栏　2—已浴羊栏　3—药浴淋场　4—炉灶及加热水箱　5—喷头
6—离心式水泵　7—控制台　8—药浴淋场入口　9—药浴淋场出口

四、挤奶台

为了方便人工挤奶，设计制作专用于挤奶的台子称为挤奶台。挤奶台距地面约 40 cm，台宽 50 cm、长 110 cm，前面颈夹总高度为 140～160 cm，颈夹前方悬挂料槽，如图 2—3—7 所示。

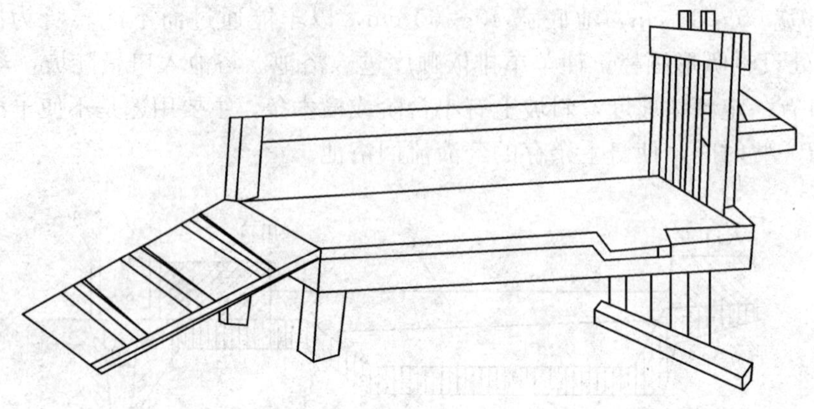

图 2—3—7 挤奶台

思 考 题

1. 羊场场址选择应考虑哪些条件?
2. 养羊的主要饲料设备有哪些?
3. 羊舍环境如何控制?

第三章　羊的营养需要与饲料

学习目标：

◆掌握羊的日粮配制方法

◆了解各种营养元素的作用

◆了解羊的营养需要

◆掌握羊的常用饲料及加工方法

羊与其他畜禽一样必须从饲料中获得各种必须的营养物质才能满足各种生理或生产的需要。这些营养物质包括能量、蛋白质（氨基酸）、矿物质等。羊体内也不能合成足够的必需氨基酸，必须从肠道中吸收足够的必需氨基酸才能满足机体合成蛋白质的需要。

羊是反刍家畜，具有特殊的消化器官——瘤胃，所以所需营养成分也具有独特性。由于瘤胃微生物的发酵作用，羊可以消化大量的半纤维素和纤维素，可以利用非蛋白氮合成菌体氨基酸和蛋白质，还可以合成维生素 K 和 B 族维生素。羊对主要的能量物质碳水化合物消化的最终产物及吸收的形成不同于单胃家畜。单胃家畜对碳水化合物消化吸收的主要物质为单糖（主要为葡萄糖），而羊等反刍家畜主要是挥发性脂肪酸（主要为乙酸、丙酸和丁酸）。正是由于羊消化器官的特点决定了羊营养需要的独特性。

第一节　羊的营养需要和饲养标准

一、羊的营养需要

绵羊和山羊所需要的营养物质包括能量、蛋白质、矿物质、维生素和水等，都有赖人类提供。合理供给羊营养物质，才能经济利用饲草饲料，生产出量多质优的畜产品。羊的营养需要包括维持需要和生产需要。其中，维持需要是指羊为了维持其正常生命活动，即在体重不增减又不生产的情况下，其基本生理活动所需要的营养物质；生产需要包括生长、繁殖、泌乳、育肥和产毛等生产条件下的营养需要。

1. 能量需要

饲料的能量水平是影响生产力的重要因素之一。能量不足，会导致幼龄羊生长缓慢，母羊繁殖率下降，泌乳期缩短，羊毛生长缓慢，毛纤维直径变细等；能量过高，对生产和健康同样不利。因此，合理的能量水平，对保证羊体健康，提高生产力，降低饲料消耗具有重要作用。

（1）维持。美国的绵羊饲养标准 NRC（1985）确定的绵羊每日维持能量（NE）需要为 56 $W^{0.75}\times 4.1868$ kJ（W 为体重）。

（2）生长。NRC（1985）认为，不同绵羊品种，空腹重 20～50 kg 的生长发育期绵羊，每千克空腹增重需要的热值，轻型体重羔羊为 12.56～16.75 MJ/kg，重型体重羔羊为 23.03～31.40 MJ/ kg。在生产上，计算增重需要的热值，需要将空腹重换算为活重，即空腹重乘以 1.195。同品种活重相同时，公羊每千克增重需要的热值是母羊的 0.82 倍。

（3）妊娠。青年妊娠母羊能量需要量包括用于维持净能（NE_m）、本身生长增重、胎儿增重及妊娠产物的饲料量；成年妊娠母羊不生长，能量需要量仅包括 NE_m 和胎儿增重及妊娠产物的饲料量。在妊娠期的后 6 周，胎儿增重快，对能量需要量大。怀单羔的妊娠母羊的能量总需要量为维持需要量的 1.5 倍，怀双羔的妊娠母羊的能量总需要量为维持需要量的 2.0 倍。

（4）泌乳。包括维持和产乳需要。羔羊在哺乳期增重与母乳的需要量之比为 1∶5。绵羊在产后 12 周泌乳期内，有 65%～83%的代谢能（ME）转化为奶能，带双羔母羊比带单羔母羊的转化率高。

2. 蛋白质需要

蛋白质具有重要的营养作用，是动物建造组织和体细胞的基本原料，是修补体组织的必需物质，还可以代替碳水化合物和脂肪的产热作用，以供给机体热能的需要。羊日粮中蛋白质不足会影响瘤胃的作用效果，羊只生长发育缓慢，产羔率、产毛量、产乳量下降；严重缺乏时，会导致羊只消化紊乱，体重下降，贫血，水肿，抗病力减弱。但饲喂蛋白质过量，多余的蛋白质变成低效的能量，很不经济。过量的非蛋白氮和高水平的可溶性蛋白可造成氨中毒。

在绵羊瘤胃消化功能正常情况下，NRC（1985）采用析因法求出蛋白质需要量，其计算公式如下：

$$\text{粗蛋白质需要量（g/天）}=(PD+MFP+EUP+DL+Wool)/NPV$$

式中 PD——蛋白质储留量，g/天；

MFP——粪中代谢蛋白质，g/天；

EUP——尿中内源蛋白质，g/天；

DL——皮肤脱落蛋白质，g/天；

$Wool$——羊毛内的粗蛋白质，g/天；

NPV——蛋白质净效率，g/天。

PD：怀单羔母羊妊娠初期为2.95 g/天，妊娠最后4周为16.75 g/天，多胎母羊按比例增加；泌乳母羊的泌乳量，成年母羊哺乳单羔按1.74 kg/天、双羔按2.60 kg/天，青年母羊按成年母羊的75％计算，而乳中粗蛋白质按47.875 g/天计算。

MFP：假定每千克体重干物质采食量为33.44 g（NRC，1984）。

EUP：0.14675×体重（kg）＋3.375（ARC，1980）。

DL：$0.1125W^{0.75}$（*W* 为体重）。

Wool：成年母羊和公羊假定为6.8 g（每年污毛产量以4.0 kg计），羔羊毛粗蛋白质含量（g/天）可以用［3＋（0.1×无毛被羊体内蛋白质）］计算。

NPV：0.561，是由真消化率（0.85）×生物学价值（0.66）得来的。

3. 矿物质需要

矿物质是羊体组织、细胞、骨骼和体液的重要组成成分。体内缺乏矿物质，会引起神经系统、肌肉运动、食物消化、营养输送、血液凝固和体内酸碱平衡等机能的紊乱，影响羊只健康、生长发育、繁殖和畜产品产量，乃至死亡。研究表明，羊体内有多种矿物元素，现已证明15种是必需的元素，其中常量元素有钙、磷、钠、氯、钾、镁和硫7种，微量元素有铁、铜、钴、锰、锌、碘、钼和硒8种。由于羊体内矿物质间的相互作用，一种矿物质缺乏或过量会引起其他矿物质缺乏或过量。羊对矿物质及微量元素的需要量见表3—1—1。

表3—1—1　羊对矿物质及微量元素的需要量

矿物元素	绵羊（每日每只）				山羊（每日每只）			最大耐受量
	幼龄羊	成年育肥羊	种公羊	种母羊	幼龄羊	种公羊	种母羊	
食盐（g）	9～16	15～20	1.0～2.0	9～16	7～12	10～17	10～16	—
钙（g）	4.5～9.6	7.8～10.5	9.5～15.6	6～13.5	4～6	6～11	4～9	2%*
磷（g）	3～7.2	4.6～6.8	6～11.7	4～8.6	2～4	4～7	3～6	0.6%*
镁（g）	0.6～1.1	0.6～1	0.85～1.4	0.5～1.8	0.4～0.8	0.6～1	0.5～0.9	0.5%*
硫（g）	2.8～5.7	3～6	5.25～9.05	3.5～7.5	1.8～3.5	3～5.7	2.4～5.1	0.4%*
铁（mg）	36～75		65～108	48～130	45～75	40～85	43～88	500
铜（mg）	7.3～13.4		12～21	10～22	8～13	7～15	9～15	25
锌（mg）	30～58		49～83	34～142	33～58	30～70	32～88	300
钴（mg）	0.36～0.58		0.6～1	0.43～1.4	0.4～0.6	0.4～0.8	0.4～0.9	10
锰（mg）	40～75		65～108	53～130	45～76	40～85	48～88	1 000
碘（mg）	0.3～0.4		0.5～0.9	0.4～0.68	0.3～0.4	0.2～0.3	0.4～0.7	50

*为每千克干物质的百分比。

（1）钠（Na）和氯（Cl）。在体内对维持渗透压、调节酸碱平衡、控制水代谢起着重要的作用。钠是制造胆汁的重要原料，氯构成胃液中的胃酸，调节 pH 值。钠、氯和钾可为酶提供有利于发挥作用的环境或作为多种酶的活化因子，参与多种营养物质的消化。食盐还有调味作用，能刺激唾液分泌，促进淀粉酶的活动。钠和氯的缺乏易导致消化不良，食欲减退，异食癖，饲料营养物质和利用率降低，发育受阻，精神委靡，身体消瘦，健康状况恶化等现象。饲喂食盐能满足羊对钠和氯的需要。

（2）钙（Ca）和磷（P）。羊体内 99％的钙和约 80％的磷存在于骨骼和牙齿中。钙、磷关系密切，幼龄羊的钙磷比应为 2∶1。血液中的钙有抑制神经，兴奋肌肉，促进血凝和保持细胞膜完整性等作用；同时钙也有激活多种酶的活性，自身营养调节等作用。磷参与糖、脂类、氨基酸的代谢和保持血液 pH 值正常；同时磷也是细胞膜和遗传物质的重要组成成分。缺钙或磷，一般常见的症状有：食欲降低，异食癖；生长缓慢，生产率和饲料利用率下降；骨骼发育不正常，幼龄羊出现佝偻病和成年羊出现软化症等。绵羊食用钙化物一般不会出现钙中毒。但日粮中钙过量，会加速其他元素如磷、镁、铁、碘、锌和锰等缺乏。

（3）镁（Mg）。镁有许多生理功能。镁是骨骼的组成成分，机体中的镁有 60％～70％在骨骼中，许多酶也离不开镁，镁能维持神经系统的正常功能。缺镁的一般症状是厌食、生长受阻、过度兴奋、痉挛和肌肉抽搐，严重的导致昏迷死亡。典型症状是痉挛。一般不会出现镁中毒，中毒症状是昏睡、运动失调和下痢，严重的可导致死亡。

（4）钾（K）。钾约占机体干物质的 0.3％。主要存在细胞内液中，影响机体的渗透压和酸碱平衡。对一些酶的活化有促进作用。缺钾易造成采食量下降、精神不振和痉挛。绵羊对钾的最大耐受量可占日粮干物质重量的 3％。

（5）硫（S）。硫是保证瘤胃微生物最佳生长的重要养分，在瘤胃微生物消化过程中，含硫氨基酸（蛋氨酸和胱氨酸）、维生素 B1、生物素以及硫酸软骨素、胰岛素和辅酶 A 中均含有硫。硫还是黏蛋白和羊毛的重要成分。硫缺乏与蛋白质缺乏症状相似，出现食欲减退，增重减少，毛的生长速度降低。此外，还表现出唾液分泌过多、流泪和脱毛。用硫酸钠补充硫，最大耐受量为日粮干物质重量的 0.4％。严重中毒症状是呼出气体有硫化氢（H_2S）气味。

（6）碘（I）。碘是甲状腺素的成分，参与物质代谢过程。碘缺乏则出现甲状腺代偿性实质增生而表现出肿大，羔羊发育缓慢，甚至出现无毛症或死亡。缺碘可导致甲状腺肿大，但甲状腺肿大不全是因为缺碘引起的。对缺碘的绵羊，可采用碘化食盐（含 0.1％～0.2％碘化钾）补饲。碘中毒症状是发育缓慢、厌食和体温下降。

（7）铁（Fe）。铁参与形成血红素和肌红蛋白，保证机体组织氧的运输。铁还是细胞色素酶类和多种氧化酶的成分，与细胞内生物氧化过程密切相关。铁还通过转铁蛋白和乳铁蛋白参与机体的生理防卫机能。缺铁的典型症状是贫血，其临床表现为生长缓慢、嗜睡、可视黏膜变白、呼吸频率增加、抗病力弱，严重时死亡率高。铁过量的慢性中毒症状是采食量下降、生长速度慢、饲料转化率低，急性中毒表现出厌食、尿少腹泻、体温低、代谢性酸中毒、休克，甚至死亡。对羔羊可用氯化亚铁、硫酸亚铁、葡萄糖酸铁及酒石酸铁制剂进行补铁。

（8）钼（Mo）。钼是黄嘌呤氧化酶或脱氢酶、醛氧化酶和亚硫酸盐氧化酶的组成成分，体组织和体液中也含有少量的钼。钼与铜、硫之间存在相互促进、相互制约的关系。钼能刺激羔羊瘤胃微生物的活动，提高粗纤维消化率。对饲喂低钼日粮的羔羊补饲钼盐能提高增重量。钼饲喂过量表现为毛纤维直、粪便松软、尿黄、脱毛、贫血、骨骼异常和体重迅速下降。钼中毒可通过提高日粮中的铜水平进行控制。

（9）铜（Cu）。铜有催化红细胞和血红素形成的作用。铜与羊毛生长关系密切。在酶的作用下，铜参与有色毛纤维色素形成。铜可维持中枢神经系统的完整性并参与骨的形成。缺铜常引起羔羊共济失调、贫血、骨骼异常以及毛纤维直，强度、弹性、染色亲和性下降，有色毛色素沉着力差。美国在缺铜地区用 $CuSO_4$ 按 0.5%的比例加到食盐中饲喂绵羊的方法补充铜。铜中毒症状为溶血、黄疸、血红蛋白尿、肝和肾呈现黑色。

（10）钴（Co）。钴有助于瘤胃微生物合成维生素 B12。绵羊缺钴出现食欲下降、流泪、毛被粗硬、精神不振、消瘦、贫血、泌乳量和产毛量降低、发情次数减少、易流产等症状。在缺钴地区，牧区可施用硫酸钴肥，每公顷 1.5 kg。

（11）锰（Mn）。锰对于骨骼发育和繁殖都有作用。缺锰会导致初生羔羊运动失调，生长发育受阻，骨骼畸形，繁殖力降低。锰过量可引起生长受阻、贫血和胃肠道损害，有时出现神经症状。

（12）锌（Zn）。锌是多种酶的成分，如红细胞中的碳酸酐酶、胰液中的羧肽酶和胰岛素。锌可维持公羊睾丸的正常发育、精子形成，以及羊毛的正常生长。锌参与维持上皮细胞和皮毛的正常形态、生长和健康。缺锌症状表现为皮肤角质化不全症、掉毛、睾丸发育缓慢（或睾丸萎缩）、畸形精子多、母羊繁殖力下降；羔羊缺锌，眼和蹄上部出现皮肤不完全角化症，有角羊角环消失，踝关节肿大。锌过量则出现中毒症状，采食量下降，羔羊增重降低。日粮每千克含锌量为 0.75 g。妊娠母羊表现出严重缺锌时流产和死胎增多。

（13）硒（Se）。硒是谷胱苷肽过氧化物酶的主要成分，具有抗氧化作用。缺硒羔羊易出现白肌病、生长发育受阻，母羊繁殖机能紊乱，多空怀和死胎。对缺硒绵羊可补饲亚硒酸钠。

4. 维生素需要

维生素属于低分子有机化合物，其功能在于启动和调节有机体的物质代谢。羊体必需的维生素分为脂溶性维生素（A、D、E、K）和水溶性维生素（B 族和 C）。B 族维生素包括硫胺素（B1）、核黄素（B2）、烟酸（B3）、吡哆醇（B6）、泛酸（B5）、叶酸、生物素（B4）、胆碱和 B12。维生素不足会引起机体代谢紊乱，羔羊表现出生长停滞，抗病力弱；成年羊则出现生产性能下降和繁殖机能紊乱。羊体所需要的维生素，除由饲料中获取外，还可由瘤胃微生物合成。在养羊业生产中，一般对维生素 A、D、E、B 和 K 比较重视，详见表 3—1—2。

表 3—1—2　　羊对维生素的需要量

维生素	绵羊（每日每只）				山羊（每日每只）			最大耐受量
	幼龄羊	成年育肥羊	种公羊	种母羊	幼龄羊	种公羊	种母羊	
A（$\times10^3$IU）	4～9	5.7～8	9.8～33	5.7～14	3.5～5.7	6.9～13	4～12	14～1 320
D（$\times10^3$IU）	0.42～0.7	0.5～0.76	0.5～1.02	0.5～1.15	0.4～0.55	0.33～0.62	0.42～0.9	7.4～25.8
E（mg）			51～84			32～61		560～1 500

（1）维生素 A。维生素 A 是一种环状不饱和一元醇，具有多种生理作用，不足会出现多种症状，如生长迟缓、骨骼畸形、繁殖器官退化、夜盲症等。绵羊每日对维生素 A 或胡萝卜素的需要量为每千克活重 47 IU 或每千克活重 6.9 mg β-胡萝卜素，在妊娠后期和泌乳期可增至每千克活重 85 IU 或 125 mg β-胡萝卜素。绵羊主要靠采食胡萝卜素满足维生素 A 的需要。

（2）维生素 D。维生素 D 为类固醇衍生物，分为 D2 和 D3 两种。其功能为促进钙、磷吸收、代谢和成骨作用。缺乏维生素 D 易引起钙和磷代谢障碍，羔羊出现佝偻病，成年羊出现骨组织疏松症。放牧绵羊在阳光下，通过紫外线照射可合成并获得充足维生素 D，但如果长时间阴云天气或圈养，可能出现维生素 D 缺乏症，此时应供给经太阳晒制的青干草，以补充维生素 D。

（3）维生素 E。维生素 E 又称抗不育维生素，化学结构类似酚类的化合物，极易氧化，具有生物学活性，其中以 α-生育酚活性最高。维生素 E 的主要功能是作为机体的生物催化剂。维生素 E 缺乏症状为母羊胚胎被吸收或流产、死亡，公羊精子减少、品质降低、无受精能力、无性机能。严重缺乏时，还会出现神经和肌肉组织代谢障碍。新鲜牧草的维生素 E 含量较高，自然干燥的干草在储藏过程中大部分维生素 E 已损失。

（4）维生素 B。B 族维生素主要作为细胞酶的辅酶，催化碳水化合物、脂肪和蛋白质代谢中的各种反应。绵羊瘤胃机能正常时，能由微生物合成维生素 B 满足羊体需要。但羔羊在瘤胃发育正常以前，瘤胃微生物区系尚未建立，日粮中需添加维生素 B。

（5）维生素 K。维生素 K 分为 K1、K2 和 K3 三种，其中 K1 称为叶绿醌，在植物中形成；K2 由胃肠道微生物合成；K3 为人工合成。维生素 K 的主要作用是催化肝脏中对凝血酶原和凝血活素的合成。经凝血活素的作用使凝血酶原转变为凝血酶。凝血酶能使可溶性的血纤维蛋白原变为不溶性的纤维蛋白而使血液凝固。当维生素 K 不足时，限制了凝血酶的合成而使血凝能力变差。青饲料富含 K1，瘤胃微生物可大量合成 K2，一般不会缺乏。但在生产中，由于饲料间的拮抗作用，如草木樨和一些杂类草中含有与维生素 K 化学结构相似的双季豆素，能妨碍维生素 K 的利用；霉变饲料中的真菌霉素有制约维生素 K 的作用；药物添加剂如抗菌素和磺胺类药物能抑制胃肠道微生物合成维生素 K，而出现维生素 K 不足，需适当增加维生素 K 的饲喂量。

5. 水的需要

水是羊体器官、组织的主要组成部分，约占体重的一半。水参与羊体内营养物质的消化、吸收、排泄等生理生化过程。水的比热容高，对调节体温起着重要作用。畜体内失水10%可导致代谢紊乱，失水20%则会引起死亡。

畜体需水的主要来源包括饮水、饲料水和代谢水，羊体需水量受机体代谢水平、环境温度、生理阶段、体重、采食量和饲料组成等因素的影响。在自由采食的情况下，饮水量为干物质采食量的2～3倍。Forbes研究表明，摄入总水量（*TWI*）和干物质采食量（*DMI*）呈显著相关，其公式为：$TWI = 3.86DMI - 0.99$。饲料中蛋白质和食盐含量增高，饮水量随之增加；摄入高水分饲料，饮水量降低。饮水量随气温升高而增加，夏季饮水量高于冬季饮水量12倍。妊娠和泌乳期饮水量也要增加，如妊娠的第三个月饮水量开始增加，到第五个月增加1倍；怀双羔母羊饮水量大于怀单羔母羊；母羊泌乳期饮水量比空怀母羊和乳中含水量之和还要大；泌乳母羊比干乳母羊需水量大1倍。

二、羊的饲养标准

羊的饲养标准又称羊的营养需要量，是指羊维持生命活动和从事生产（乳、肉、毛、繁殖等）对能量和各种营养物质的需要量。各种营养物质不但数量要充足，而且比例要恰当。饲养标准就是反映绵羊和山羊不同发育阶段、不同生理状况、不同生产方向和水平对能量、蛋白质、矿物质和维生素等营养物质的需要量。

1. 绵羊的饲养标准

（1）美国NRC（1985）修订的绵羊饲养标准（见表3—1—3），具体规定了各类绵羊不同体重所需要的干物质、总消化养分、消化能、代谢能、粗蛋白质、钙、磷、有效维生素A、维生素E的需要量。

表3—1—3　　美国绵羊的饲养标准（NRC，1985）

体重（kg）	日增重（g）	食入干物质（kg）	总消化养分（kg）	消化能（MJ）	代谢能（MJ）	粗蛋白质（g）	钙（g）	磷（g）	有效维生素A（IU）	有效维生素E（IU）
母羊维持										
50	10	1.0	0.55	10.05	8.37	95	2.0	1.8	2 350	15
60	10	1.1	0.61	11.30	9.21	104	2.3	2.1	2 820	16
70	10	1.2	0.66	12.14	10.05	113	2.5	2.4	3 290	18
80	10	1.3	0.72	13.40	10.89	122	2.7	2.8	3 760	20
90	10	1.4	0.78	14.24	11.72	131	2.9	3.1	4 230	21

续表

体重(kg)	日增重(g)	食入干物质(kg)	总消化养分(kg)	消化能(MJ)	代谢能(MJ)	粗蛋白质(g)	钙(g)	磷(g)	有效维生素A (IU)	有效维生素E (IU)
催情补饲（配种前两周和配种后三周）										
50	100	1.6	0.94	17.17	14.25	150	5.3	2.6	2 350	24
60	100	1.7	1.00	18.42	15.07	157	5.5	2.9	2 820	26
70	100	1.8	1.06	19.68	15.91	164	5.7	3.2	3 290	27
80	100	1.9	1.12	20.52	16.75	171	5.9	3.6	3 760	28
90	100	2.0	1.18	21.35	17.58	177	6.1	3.9	4 230	30
非泌乳期（妊娠前15周）										
50	30	1.2	0.67	12.56	10.05	112	2.9	2.1	2 350	18
60	30	1.3	0.72	13.40	10.89	121	3.2	2.5	2 820	20
70	30	1.4	0.77	14.25	11.72	130	3.5	2.9	3 290	21
80	30	1.5	0.82	15.07	12.56	139	3.8	3.3	3 760	22
90	30	1.6	0.87	15.91	1 325	148	4.1	3.6	4 230	24
妊娠最后四周（预计产羔率为130%～150%）或哺乳单羔的泌乳期后4～6周										
50	180（45）	1.6	0.94	1 842	1 425	175	5.9	4.8	4 250	24
60	180（45）	1.7	1.00	18.42	15.07	184	6.0	5.2	5 100	26
70	180（45）	1.8	1.06	19.68	15.91	193	6.2	5.6	5 950	27
80	180（45）	1.9	1.12	20.52	16.75	202	6.3	6.1	6 800	28
90	180（45）	2.0	1.18	21.35	17.58	212	6.4	6.5	7 650	30
育成母羊										
30	227	1.2	0.78	14.25	11.72	185	6.4	2.6	1 410	18
40	182	1.4	0.91	16.75	13.82	176	5.9	2.6	1 880	21
50	120	1.5	0.88	16.33	13.40	136	4.8	2.4	2 350	22
60	100	1.5	0.88	16.33	13.40	134	4.5	2.5	2 820	22
70	100	1.5	0.88	16.33	13.40	132	4.6	2.8	3 290	22
育成公羊										
40	330	1.8	1.0	20.3	21.35	243	7.8	3.7	1 880	24
60	320	2.4	1.50	28.05	23.03	263	8.4	4.2	2 820	26
80	290	2.8	1.80	32.66	26.80	268	8.5	4.6	3 760	28
100	250	3.0	1.0	35.17	28.89	264	8.2	4.8	4 700	30
肥育幼羊										
30	295	1.3	0.94	17.17	14.25	191	6.6	3.3	1 410	20
40	275	1.6	1.22	22.61	18.42	185	6.6	3.3	1 880	24
50	205	1.6	1.23	22.61	18.42	160	5.6	3.0	2 350	24

（2）我国农业部2004年审定通过了《肉用绵羊和山羊饲养标准》。下面列出4～20 kg体重阶段生长肥育绵羊羔羊不同日增重下日粮干物质进食量和消化能、代谢能、粗蛋白质、钙、总磷、食盐饲养标准，供参考使用，见表3—1—4。

表3—1—4　　生长肥育绵羊羔羊饲养标准表（NY/T 816—2004）

体重（kg）	日增重（kg/天）	DMI（kg/天）	DE（MJ/天）	ME（MJ/天）	粗蛋白质（g/天）	钙（g/天）	总磷（g/天）	食盐（g/天）
4	0.1	0.12	1.92	1.88	35	0.9	0.5	0.6
4	0.2	0.12	2.80	2.72	62	0.9	0.5	0.6
4	0.3	0.12	3.68	3.56	90	0.9	0.5	0.6
6	0.1	0.13	2.55	2.47	36	1.0	0.5	0.6
6	0.2	0.13	3.43	3.36	62	1.0	0.5	0.6
6	0.3	0.13	4.18	3.77	88	1.0	0.5	0.6
8	0.1	0.16	3.10	3.01	36	1.3	0.7	0.7
8	0.2	0.16	4.06	3.93	62	1.3	0.7	0.7
8	0.3	0.16	5.02	4.60	88	1.3	0.7	0.7
10	0.1	0.24	3.97	3.60	54	1.4	0.75	1.1
10	0.2	0.24	5.02	4.60	87	1.4	0.75	1.1
10	0.3	0.24	8.28	5.86	121	1.4	0.75	1.1
12	0.1	0.32	4.60	4.14	56	1.5	0.8	1.3
12	0.2	0.32	5.44	5.02	90	1.5	0.8	1.3
12	0.3	0.32	7.11	8.28	122	1.5	0.8	1.3
14	0.1	0.4	5.02	4.60	59	1.8	1.2	1.7
14	0.2	0.4	8.28	5.86	91	1.8	1.2	1.7
14	0.3	0.4	7.53	6.69	123	1.8	1.2	1.7
16	0.1	0.48	5.44	5.02	60	2.2	1.5	2.0
16	0.2	0.48	7.11	8.28	92	2.2	1.5	2.0
16	0.3	0.48	8.37	7.53	124	2.2	1.5	2.0
18	0.1	0.56	8.28	5.86	63	2.5	1.7	2.3
18	0.2	0.56	7.95	7.11	95	2.5	1.7	2.3
18	0.3	0.56	8.79	7.95	127	2.5	1.7	2.3
20	0.1	0.64	7.11	8.28	65	2.9	1.9	2.6
20	0.2	0.64	8.37	7.53	96	2.9	1.9	2.6
20	0.3	0.64	9.62	8.79	128	2.9	1.9	2.6

注1：表中日粮干物质进食量（DMI）、消化能（DE）、代谢能（ME）、粗蛋白质（CP）、钙、总磷、食盐每日需要量推荐数值参考自内蒙古自治区地方标准《细毛羊饲养标准》(DB 15/T30—92)。

注2：日粮中添加的食盐应符合GB 5461—2003中的规定。

20～70 kg体重阶段绵羊育成母羊日粮干物质进食量和消化能、代谢能、粗蛋白质、钙、总磷、食盐饲养标准，见表3—1—5。

表3—1—5　　育成母羊饲养标准表（NY/T 816—2004）

体重（kg）	日增重（kg/天）	DMI（kg/天）	DE（MJ/天）	ME（MJ/天）	粗蛋白质（g/天）	钙（g/天）	总磷（g/天）	食盐（g/天）
20	0.05	0.9	8.17	6.70	95	2.4	1.1	7.6
20	0.10	0.9	9.76	8.00	114	3.3	1.5	7.6
20	0.15	1.0	12.20	10.00	132	4.3	2.0	7.6
25	0.05	1.0	8.78	7.20	105	2.8	1.3	7.6
25	0.10	1.0	10.98	9.00	123	3.7	1.7	7.6
25	0.15	1.1	13.54	11.10	142	4.6	2.1	7.6
30	0.05	1.1	10.37	8.50	114	3.2	1.4	8.6
30	0.10	1.1	12.20	10.00	132	4.1	1.9	8.6
30	0.15	1.2	14.76	12.10	150	5.0	2.3	8.6
35	0.05	1.2	11.34	9.30	122	3.5	1.6	8.6
35	0.10	1.2	13.29	10.90	140	4.5	2.0	8.6
35	0.15	1.3	16.10	13.20	159	5.4	2.5	8.6
40	0.05	1.3	12.44	10.20	130	3.9	1.8	9.6
40	0.10	1.3	14.39	11.80	149	4.8	2.2	9.6
40	0.15	1.3	17.32	14.20	167	5.8	2.6	9.6
45	0.05	1.3	13.54	11.10	138	4.3	1.9	9.6
45	0.10	1.3	15.49	12.70	156	5.2	2.9	9.6
45	0.15	1.4	18.66	15.30	175	6.1	2.8	9.6
50	0.05	1.4	14.39	11.80	146	4.7	2.1	11.0
50	0.10	1.4	16.59	13.60	165	5.6	2.5	11.0
50	0.15	1.5	19.76	16.20	182	6.5	3.0	11.0
55	0.05	1.5	15.37	12.60	153	5.0	2.3	11.0
55	0.10	1.5	17.68	14.50	172	6.0	2.7	11.0
55	0.15	1.6	20.98	17.20	190	6.9	3.1	11.0
60	0.05	1.6	16.34	13.40	161	5.4	2.4	12.0
60	0.10	1.6	18.78	15.40	179	6.3	2.9	12.0
60	0.15	1.7	22.20	18.20	198	7.3	3.3	12.0
65	0.05	1.7	17.32	14.20	168	5.7	2.6	12.0
65	0.10	1.7	19.88	16.30	187	6.7	3.0	12.0
65	0.15	1.8	23.54	19.30	205	7.6	3.4	12.0
70	0.05	1.8	18.29	15.00	175	6.2	2.8	12.0
70	0.10	1.8	20.85	17.10	194	7.1	3.2	12.0
70	0.15	1.9	24.76	20.30	212	8.0	3.6	12.0

注1：表中日粮干物质进食量（DMI）、消化能（DE）、代谢能（ME）、粗蛋白质（CP）、钙、总磷、食盐每日需要量推荐数值参考自内蒙古自治区地方标准《细毛羊饲养标准》（DB 15/T30—92）。

注2：日粮中添加的食盐应符合GB 5461—2003中的规定。

20～50 kg体重阶段舍饲育肥羊日粮干物质进食量和消化能、代谢能、粗蛋白质、钙、总磷、食盐饲养标准，见表3—1—6。

表3—1—6　　育肥羊饲养标准（NY/T816—2004）

体重（kg）	日增重（kg/天）	DMI（kg/天）	DE（MJ/天）	ME（MJ/天）	粗蛋白质（g/天）	钙（g/天）	总磷（g/天）	食盐（g/天）
20	0.10	0.8	9.00	8.40	111	1.9	1.8	7.6
20	0.20	0.9	11.30	9.30	158	2.8	2.4	7.6
20	0.30	1.0	13.60	11.20	183	3.8	3.1	7.6
20	0.45	1.0	15.01	11.82	210	4.6	3.7	7.6
25	0.10	0.9	10.50	8.60	121	2.2	2	7.6
25	0.20	1.0	13.20	10.80	168	3.2	2.7	7.6
25	0.30	1.1	15.80	13.00	191	4.3	3.4	7.6
25	0.45	1.1	17.45	14.35	218	5.4	4.2	7.6
30	0.10	1.0	12.00	9.80	132	2.5	2.2	8.6
30	0.20	1.1	15.00	12.30	178	3.6	3	8.6
30	0.30	1.2	18.10	14.80	200	4.8	3.8	8.6
30	0.45	1.2	19.95	16.34	351	6.0	4.6	8.6
35	0.10	1.2	13.40	11.10	141	2.8	2.5	8.6
35	0.20	1.3	16.90	13.80	187	4.0	3.3	8.6
35	0.30	1.3	18.20	16.60	207	5.2	4.1	8.6
35	0.45	1.3	20.19	18.26	233	6.4	5.0	8.6
40	0.10	1.3	14.90	12.20	143	3.1	2.7	9.6
40	0.20	1.3	18.80	15.30	183	4.4	3.6	9.6
40	0.30	1.4	22.60	18.40	204	5.7	4.5	9.6
40	0.45	1.4	24.99	20.30	227	7.0	5.4	9.6
45	0.10	1.4	16.40	13.40	152	3.4	2.9	9.6
45	0.20	1.4	20.60	16.80	192	4.8	3.9	9.6
45	0.30	1.5	24.80	20.30	210	6.2	4.9	9.6
45	0.45	1.5	27.38	22.39	233	7.4	6.0	9.6
50	0.10	1.5	17.90	14.60	159	3.7	3.2	11.0
50	0.20	1.6	22.50	18.30	198	5.2	4.2	11.0
50	0.30	1.6	27.20	22.10	215	6.7	5.2	11.0
50	0.45	1.6	30.03	24.38	237	8.5	6.5	11.0

注1：表中日粮干物质进食量（DMI）、消化能（DE）、代谢能（ME）、粗蛋白质（CP）、钙、总磷、食盐每日需要量推荐数值参考自新疆维吾尔自治区企业标准《新疆细毛羔舍饲肥育标准》（1985）。

注2：日粮中添加的食盐应符合GB 5461—2003中的规定。

2. 安哥拉山羊和绒山羊的饲养标准

美国安哥拉山羊的饲养应注重三个关键时期：一是从羔羊断奶到18月龄配种前，母羊体重必须达到27.0 kg以上，否则初配母羊的受胎率低、流产率高；二是母羊在配种前、后2～3周进行补饲，保证母羊的营养需要；三是母羊在妊娠期90～120天时，胎儿生长发育快，必须保证母羊的营养需要，否则会导致营养性流产。苏联毛用和绒用山羊的饲养标准认为，公山羊在非配种期应维持中上等膘情，才能在配种期保持良好的种用体况。因此，在配种期开始前1.5～2个月内，逐渐加强其营养。成年母山羊在妊娠、泌乳和毛、绒强烈生长期的饲养，应该经常维持其中等和上等膘情。对于高产山羊和带双羔的山羊，其饲养标准应提高12%～15%。

三、饲养标准应用的基本原则

饲养标准是发展羊只生产、制定羊生产计划、组织羊饲料供给、设计饲粮配方、生产平衡饲粮、对羊只实行标准化饲养管理的技术指南和科学依据。但是，照搬标准中的数据，把标准看成是解决有关问题的现成答案，忽视标准的条件性和局限性，则难以达到预期目的。因此，应用任何一个饲养标准，都应充分注意以下基本原则。

1. 选用标准的适合性

标准都是有条件的，是具体的。所选用的标准是否适合，要视应用的对象而定，必须认真分析标准对应用对象的适合程度，重点把握标准所要求的条件与应用对象实际条件的差异，尽可能选择最适合应用对象的标准。

选用任何一个标准，首先应考虑所要求的羊只种类与应用对象是否一致或比较近似，若品种之间差异太大则难使标准适合应用对象，除了动物遗传特性以外，绝大多数情况下均可以通过合理设定保险系数使标准规定的营养定额适合应用对象的实际情况。

2. 应用标准定额的灵活性

标准规定的营养定额一般只对具有广泛或比较广泛的共同基础的动物饲养有应用价值，对共同基础小的动物饲养则只有指导意义。要使标准规定的营养定额变得可行，必须根据不同的具体情况对营养定额进行适当调整。选用按营养需要原则制定的标准，一般都要增加营养定额。选用按营养供给量原则制定的标准，营养定额增加的幅度一般比较小，甚至不增加。选用按营养推荐量原则制定的标准，营养定额可适当增加。

3. 标准与效益的统一性

应用标准规定的营养定额，不能只强调满足羊只对营养物质的客观要求，而不考虑饲料生产成本。必须贯彻营养、效益（包括经济、社会和生态等效益）相统一的原则。

标准中规定的营养定额实际上显示了羊只的营养平衡模式，按此模式向羊只供给营养，可使羊只有效利用饲料中的营养物质。在饲料或羊及其产品的市场价格变化的情况下，可以通过改变饲粮的营养浓度，不改变平衡，而达到既不浪费饲料中的营养物质又实现调节产品的量和质的目的，从而体现标准与效益统一性原则。

只有注意标准的适合性和应用定额的灵活性，才能做到标准与实际生产的统一，获得良好的结果。

第二节　羊的常用饲料及加工方法

一、羊的常用饲料的种类和特点

羊的饲料种类很多，可分为植物性饲料、动物性饲料、矿物性饲料及其他特殊饲料。其中，植物性饲料包括粗饲料、青贮饲料、多汁饲料和精料。

1. 粗饲料

又称粗料，是指含能量低，粗纤维含量高（约占干物质20%以上）的植物性饲料，如干草、秸秆和秕壳等。这类饲料的体积大，消化率低，但资源丰富，是羊等草食家畜主要的补饲饲料。

（1）干草。干草是由青绿牧草在抽穗期或花期刈割后干制而成。成功调制的干草，应保留一定的青绿颜色，故也称青干草。干草调制过程中，牧草中大约损失20%～40%的营养物质，只有维生素D3增加。干草的营养价值与牧草种类、物候期和调制技术密切相关。

干草的特点是：粗纤维含量较高，一般为26.5%～35.6%；粗蛋白质的含量随牧草种类不同而异，豆科干草含量较高，为14.3%～21.3%，而禾本科牧草和禾谷类作物干草含量较低，为7.7%～9.6%；能量值差异不大，消化能为9.631MJ/ kg左右；钙的含量一般豆科干草高于禾本科干草，如苜蓿为1.42%，禾本科为0.72%。

（2）秸秆。是指农作物收获后剩下的茎叶部分。秸秆的特点是：粗纤维含量高，占干物质的31%～45%；木质素、半纤维素、硅酸盐含量高，如燕麦秸秆粗纤维含量为49.0%，木质素为14.6%，硅酸盐约占灰分的30%，且质地粗硬、适口性差、消化率低。1 kg的消化能一般为7.78～10.46MJ；粗蛋白质含量低，豆科秸秆为8.9%～9.6%，禾本科为4.2%～6.3%；粗脂肪含量较少，为1.3%～1.8%；胡萝卜素含量低，1 kg禾谷类秸秆为1.2～5.1 mg。秸秆饲料虽有许多不足之处，但经过加工调制后，营养价值和适口性有所提高，仍是羊冬季补饲的主要饲料。

2. 青贮饲料

青贮饲料是将新鲜青绿饲料装填到密闭的青贮容器内，在厌氧条件下利用乳酸菌发酵产生乳酸，当pH值接近4.0时，则所有微生物处于被抑制状态以保存的青绿饲料。在青贮过程中，营养物质损失低于10%。青贮饲料中粗蛋白质和胡萝卜素含量较高，具有酸香味，柔软多汁，适口性好，容易消化，是冬季优良的补饲饲料。

3. 精饲料

又称精料，是指体积小、粗纤维含量低、能量含量高的饲料。例如，籽实类饲料，包括玉米、大麦、高粱、青稞、燕麦、豌豆和蚕豆等；糠麸类饲料（种子表皮磨下部分，含有少量淀粉）的粗纤维含量略高于籽实类饲料而低于粗饲料，其能量少于籽实类饲料而多于粗饲料，故亦被列入精饲料；油饼类饲料的蛋白质含量高，粗纤维含量少于粗饲料，能量与籽实类饲料几乎相等，是羊的蛋白质补充饲料，也可列入精饲料。精料是羔羊、妊娠后期母羊、种公羊的重要补充饲料。

4. 块根块茎类饲料

属于多汁饲料，包括马铃薯、胡萝卜、甜菜、菊芋、芜根等。其水分和可溶性碳水化合物含量高，粗纤维和蛋白质含量（按干物质计算）接近禾本科籽实类饲料，适口性好，易消化。可作为羊冬季的补充饲料，以平衡全年饲料供应。

5. 矿物质饲料

属于无机物饲料。羊体所需要的多种矿物质仅从植物性饲料中不能得到满足，需要额外补充。常用的矿物质补充饲料有食盐、骨粉、石灰石粉、蛋壳粉、贝壳粉和脱氟磷矿粉等。

6. 微量元素添加剂

饲料中微量元素的含量取决于植物种类和生长条件（土壤、肥料、气候），故各地缺乏微量元素的种类不尽相同，需要有针对性地补充。微量元素也可用化学纯制剂补充。在日粮中，由于添加量很少（每吨饲料为1～9 g），因此必须混合均匀，使用时必须干燥。利用不同盐类来补充微量元素，其用量应根据所含微量元素的数量计算。

7. 维生素添加剂

放牧绵羊、山羊在夏秋季节，一般不会出现维生素缺乏症。但在冬春枯草期，常会出现维生素不足。对配种季节的种公羊、枯草期的妊娠母羊和幼龄羊在饲喂时都需要添加维生素。目前，常用的维生素添加剂有维生素A、D、E、K3、B1、B2、B6、pp、氯化胆碱、泛酸钙、叶酸等。

8. 动物性饲料

动物性饲料是指来源于动物产品的饲料，如鸡蛋、牛奶、羊奶、脱脂奶、肉粉、鱼粉、血粉、肉骨粉和蚕蛹等。动物性饲料的特点是富含蛋白质（骨粉除外），多用于饲喂种公羊，以提高优秀种公羊的配种能力。

二、各类饲料的调制和饲喂方法

饲料调制的目的是为了保证饲料的品质，减少营养损失，增加适口性，易于消化，便于采食，提高饲料营养价值和利用率。此外，对某些不能直接饲喂的副产品，通过加工调制后可变成饲料，有利于开辟饲料来源。饲料通过加工调制后，应结合饲用特点进行利用。

1. 粗饲料的调制和饲喂方法

（1）粗饲料的调制。主要分为干草调制和秸秆调制两类。

1）干草调制。青绿饲料的含水量一般为65%～85%，需要降低到15%～20%才能抑制植物酶和微生物酶的活动，以达到储备干草的目的。储备干草的方法主要有田间干燥法、人工干燥法和干草块法三种。

①田间干燥法。这是调制干草的最常用方法。牧草刈割后，即薄层平铺暴晒4～5h，使水分迅速降至38%；此时，水分仍继续蒸发，但速度减慢，可再采用小堆晒干。为了提高干燥速度，可用压扁机把牧草压扁、破碎，有条件的还可利用田间机械快速干燥。我国大部分地区调制干草的时间正值雨季，在高寒地区调制燕麦干草，可推迟到5月播种，9月早霜来临，植株被冻死冻干，仍保持绿色即为冻干草，可避开雨季。在调制干草过程中，应尽量避免营养丰富的叶片脱落。我国一般以堆垛形式储藏干草。堆垛的地点应选择在地势高燥、易于排水的地方，垛底再垫上树枝或石头；堆垛后盖好垛顶，垛顶的斜度大于45°。国外干草多储藏在草棚或草房内，一般5年可收回草棚费用，10年收回草房费用。

②人工干燥法。即将鲜草置于室温为45～50℃的小室内停放几小时，水分降至12%，或在500～1 000℃温度下干燥6 s，水分可降至10%～12%。这种干燥方法可保存干草养分的90%～95%。

③干草块法。当牧草水分降至15%左右时，用干草制块机制作成干草块。通常每块重45～50 kg，其形状有砖块状、柱状和饼状等。干草块的特点是保存养分性能好，单位体积重量大，在通风良好的情况下可储存6个月。

2）秸秆调制。具体步骤如下：

①铡短和粉碎。干草和秸秆可切短至2～3 cm长，或用粉碎机粉碎，但不宜粉碎得过细或成粉面状，以免引起反刍停滞，降低消化率。

②浸泡。秸秆铡短或粉碎后，用水或淡盐水浸泡，使其软化，可增强适口性，提高采食量。用此种方法调制的饲料，水分不能过大，应按用量处理，一次性喂完。

③秸秆碾青。在晒场上，先铺上约30 cm厚的麦秸，再铺约30 cm的鲜苜蓿，最后在苜蓿上面铺约30 cm厚的秸秆，用石磙或镇压器碾压，把苜蓿压扁，汁液流出被麦秸吸收。这样既可缩短苜蓿干燥的时间，减少了养分的损失，又可提高麦秸的营养价值和利用率。

④秸秆颗粒饲料。一种方法是将秸秆、秕壳和干草等粉碎后，根据羊的营养需要，配合适当的精料、糖蜜（糊精和甜菜渣）、维生素和矿物质添加剂混合均匀，用机器生产出大小和形状不同的颗粒饲料。秸秆和秕壳在颗粒饲料中的适宜含量为30%～50%。这种饲料营养价值全面，体积小，易于保存和运输。另一种方法是秸秆添加尿素，即将秸秆粉碎后加入尿素（占全部日粮总氮量的30%）、糖蜜（1份尿素，5～10份糖蜜）、精料、维生素和矿物质，压制成颗粒、饼状或块状。这种饲料的粗蛋白质含量提高，适口性好，既可延缓氨在瘤胃中的释放速度，防止中毒，又可降低饲料成本和节约蛋白质饲料。

⑤秸秆的氮化处理。秸秆氮化处理的机理是氨和秸秆中的有机物作用，破坏木质素的乙酰基而形成醋酸铵；同时，在反应过程中，所生成的氢氧根（—OH）与木质素作用形成羟基木质素，改变了粗纤维的结构，纤维素和半纤维素与木质素之间的酯键被打开，细胞壁破

解，细胞内的碳水化合物、氮化物和脂类等可释放出来，秸秆变得疏松，瘤胃液体易于进入，易于消化。此外，反应过程中形成的铵盐和秸秆所携带的氨，成为瘤胃微生物合成微生物蛋白质的氮源。目前，处理秸秆所用的氨有气氨、液氨和固体氨三种，但以液氨较为常用。氨化秸秆的含水量应达到20%～30%，可在壕、窖或塑料袋等容器内进行，亦可密封堆垛。在容器内氨化，秸秆可铡短装入，按每100 kg秸秆洒入浓度为25%的氨水12～20 kg，亦可按100 kg秸秆加入30～40 kg水和2.0 kg尿素配制的溶液后密封。对大捆大堆秸秆氨化，用0.15～0.2 mm厚的聚乙烯薄膜或其他不透气的薄膜覆盖严密，通过带喷头的铁管，从堆或捆的几个点注入氨水。温度保持在20℃以上，暖季约1周、冷季约1个月即可熟化利用。

（2）粗饲料的饲喂方法。调制的粗饲料主要用于冬季、春季补饲。放牧绵羊、山羊每天晚上补饲一次。下雪和产羔期每天早、晚各补饲一次，若饲草充足还可喂一次夜草。若饲喂没有铡短的干草应设置草架饲喂，铡短的粗饲料在食槽饲喂。要防止羊抢食弄脏饲草，造成浪费。氨化秸秆，在饲喂前2～3天启封，必须等游离氨散发无氨味后才能饲喂；否则，会造成氨中毒或羊眼被氨气熏蒸失明。

2. 青贮饲料的调制和饲喂方法

（1）青贮饲料的调制。青贮饲料的调制有3种方法，即常规青贮、半干青贮和加入添加剂青贮。

1）常规青贮

①青贮成功必备的条件。青贮原料的含糖量一般不低于1.0%～1.5%，以保证乳酸菌繁殖的需要；含水量适度，一般为65%～75%；有密闭的缺氧环境；青贮容器内温度不得超过38℃（19～37℃）。

②青贮建筑的基本要求。坚实、不透气、不漏水、不导热；高出地下水位0.5 m以上；内壁光滑垂直或上宽下窄，壕的四角应为圆形；窖（壕）应选择在地势高燥、地下水位低、土质坚实、易排水和距羊舍较近的地方。

③青贮的具体步骤。第一，原料收割时期要适宜。全株玉米青贮应在乳熟至腊熟期收割，青贮玉米秆应在完熟而茎叶尚保持绿色时收割，青贮甘薯藤应在霜前收割，天然牧草应在盛花期收割。第二，原料的铡短、装填与压紧。青贮原料铡短至2～3 cm（牧草亦可整株青贮）。若原料太干，可加水或含水量高的青绿饲料；若太湿，可加入铡短的秸秆，再加入1%～2%的食盐。在装填前，底部铺10～15 cm厚的秸秆；然后分层装填青贮原料，每装15～30 cm必须压紧踩实一次，尤其应注意压紧四周。第三，青贮窖封顶。青贮原料应高出窖（壕）上沿1 m左右，在上面覆盖一层塑料薄膜，然后覆土30～50 cm。封顶后，要经常检查，若有下陷和出现裂缝的地方应及时培土。四周应设排水沟，以防雨水进入。

2）半干青贮。又称低水分青贮，是将青贮原料的水分降到40%～55%，使厌氧微生物（包括乳酸菌）处于干燥状态，植物细胞质的渗透压为5.6～6.1 MPa时，其活动均减弱。半干青贮营养成分损失少，一般不超过10%～15%。半干青贮原料的刈割期，豆科为初花期，禾本科为抽穗期；豆科水分含量为50%，禾本科水分含量为45%。对建筑物的要求及青贮原料的铡短、装填、压严、封顶、密闭等要求同常规青贮。

3）加入添加剂青贮。添加到青贮原料中的物质主要包括两类：一是有利于乳酸菌活动的物质，如糖蜜、甜菜和乳酸菌制剂等；二是防腐剂，如甲酸、丙酸、亚硫酸、焦亚硫酸钠、甲醛等。如果在青贮中加酸，青贮原料在发酵过程中，pH 值将很快降到所需要的酸度，从而降低了青贮初期好氧和厌氧发酵对营养物质的消耗。例如，每吨青贮原料加入甲酸 2.3 kg，可使其 pH 值下降到 4.2～4.6；加上青贮中相继的发酵过程，可使 pH 值进一步降到所需要的水平。加入添加剂的青贮，能使青贮原料的营养物质得到提高。但由于加入添加剂数量很少，故务必要与青贮原料混合均匀，否则会影响青贮饲料的质量。

（2）青贮饲料的饲喂方法。青贮原料在窖内青贮 40～60 天便可完成发酵过程，即可开窖取用。开窖后，先除去泥土和霉层，然后从上层逐层平行往下取喂，保持取用表面平整，每天取用厚度不少于 10.0 cm，取后再盖严，以免青贮饲料与空气接触时间过长而变质。长方形青贮壕，应从一端开始，上下平行逐渐往里取用。青贮饲料应现取现用，不得提前取出，防止冰冻和变质。青贮饲料应放在食槽内饲喂，切忌撒在地面上喂。若每天补饲一次，可在收牧时喂给，日喂量为每只 1.0～1.5 kg；若每天饲喂两次，则早、晚各饲喂一次，日喂量可每只达 3.0 kg。怀孕母羊产前 15 天应停喂青贮饲料。

3. 精饲料的调制和饲喂方法

（1）精饲料的调制。禾谷类和豆类籽实被覆着种壳或种皮，需加工调制。如果精料单独饲喂，可制成颗粒状（直径 2.0 mm）或压扁，不要制成粉状。如果精料与粉碎的粗饲料混合拌喂，可提高适口性，增加采食量。

1）精料压扁。这是将精饲料如玉米、大麦、高粱等加入 16%的水，用蒸汽加热至 120℃左右，用压扁机压成片状，干燥并配以所需的添加剂，便制成了压扁饲料。

2）油饼类饲料加工。可采用溶剂浸提法和压榨法。浸提法所产生的油饼类，未经高温处理，须脱毒处理后才能做饲料。压榨法通过高温处理，生产的油饼类不需脱毒处理。但由于高温、高压处理，赖氨酸和精氨酸之类的碱性氨基酸损失较多。

（2）精料的饲喂方法。根据饲料的种类，按羊的营养需要配合成补充饲料，豆饼一般占精料量的 1/3，或每只日喂量不超过 200 g。精饲料的饲喂次数，一般日喂量在 400 g 以下可一次喂给，500～800 g 分两次喂给，900～1 000 g 分三次喂给；三种喂量的喂料时间可分别在下午收牧时，上午、下午各 1 次和早、午、晚各 1 次。精料可与铡短的干草拌喂，以便羊采食。喂精料时，应防止羊只拥挤，采食不均；喂完后，将饲槽清洗干净，保持清洁。

4. 块根块茎饲料的调制和饲喂方法

块根块茎饲料常带有泥土，饲喂前应洗净，除去腐烂部分，切成小薄片或小长条，以利于羊的采食和消化。不要喂整块，以避免羊抢食而造成食道梗塞。

5. 矿物质饲料的调制和饲喂方法

市场上多有矿物质饲料的成品出售。为了降低饲养成本，在有条件的地区可以自行生产，加工调制。例如，骨粉的调制可利用各类兽骨，经高压蒸制后，晒干粉碎；石灰石粉（碳酸钙）的调制，可将石灰石打碎磨成粉状，或将陈旧的石灰和商品碳酸钙等调制成粉状；蛋壳和贝壳经煮沸消毒后，晒干制成粉状；磷矿石经脱氟处理，调制成粉状。矿物质饲料可与精料混合喂给。食盐和石灰石粉既可加入精料中饲喂，也可放在饲槽内任羊自由舔食。

此外，微量元素和维生素添加剂以及动物性饲料，均可根据羊体需要量拌在精料中喂给，但务必混合均匀。

第三节　羊的日粮配合

一、日粮配合的原则

一是日粮要符合饲养标准，即保证供给羊只所需要各种营养物质。但饲养标准是在一定的生产条件下制定的，各地自然条件和羊的情况不同，故应通过实际饲养的效果，对饲养标准酌情修订。二是选用饲料的种类和比例，应取决于当地饲料的来源、价格以及适口性等。原则上，既要充分利用当地的青、粗饲料，也要考虑羊的消化生理特点，其体积要让羊能全部吃进去。

二、日粮配合的步骤

其一，要确定饲喂对象的相应标准所规定的营养需要量；其二，应先满足粗饲料的喂量，即先选用一种主要的能量饲料，如青干草或青贮饲料；其三，确定补充饲料的种类和数量，一般是用混合精料来满足能量和蛋白质需要量的不足部分；最后，用矿物质补充饲料来平衡日粮中的钙、磷等矿物质元素的需要量。

三、日粮设计方法

按日粮配合的步骤进行日粮配合。举例说明如下：

现有一批活重 30 kg 的羔羊进行育肥，计划日增重 300 g，试用野干草、中等品质干苜蓿、玉米、豆饼 4 种饲料，配制育肥日粮。

配制步骤和方法如下：

第一步，查阅饲养标准表（见表 3—3—1），记下育肥羊的营养需要量，同时查饲料营养价值表，记下所用几种饲料营养成分，结果见表 3—3—2。

表 3—3—1　　30 kg 育肥羊的营养需要量

消化能（MJ/kg）	粗蛋白（g）	钙（g）	磷（g）
17.15	191	6.4	2.6

表 3—3—2　　饲料营养价值表

饲料品种	干物质	消化能（MJ/kg）	粗蛋白	钙	磷
野干草	92.21%	7.99	11.2%	0.98%	0.41%
干苜蓿	92.45%	10.13	12.3%	1.67%	0.521%
玉米	86.00%	14.02	6.95%	0.02%	0.27%
豆饼	89.00%	18.16	42.1%	0.31%	0.50%

第二步，计算粗饲料的营养量。设日粮中粗饲料喂给量为 60%，则两种干草混合的总给量为羔羊日需干物质总量 1.3×0.6=0.78 kg，混合精粮的干物质给量则为 1.3－0.78=0.52 kg。

混合干草可提供的各种营养如下：

设野干草和干苜蓿配比为 70%和 30%，则野干草日给干物质 0.78×0.7=0.546 kg

干苜蓿日给干物质 0.78－0.546=0.234 kg

风干量：野干草 0.546÷92.21%=0.592 1 kg

干苜蓿 0.234÷92.45%=0.253 1 kg

可提供的营养物质分别为：

消化能=0.592 1×7.99+0.253×10.13=7.294 8 MJ

粗蛋白=592.1×0.112+253.1×0.123=97.45 g

钙=592.1×0.009 8+253.1×0.016 7=10.31 g

磷=592.1×0.004 1+253.1×0.005 21=3.74 g

消化能和粗蛋白质分别比羔羊的日需要量少 9.855MJ 和 93.55 g。即 17.15－7.294 8=9.855 2；191－97.45=93.55 g。钙磷均超过需要量。P∶Ca=1∶2.68 处于合理范围内［1∶(2～3)］。

第三步，调配玉米和豆饼两种精饲料以补充其所缺少的消化能和粗蛋白。

设所缺消化能玉米解决 70%，则由玉米提供的消化能=9.855 2×0.7=6.898 6 MJ

玉米所给的风干饲料量为 6.898 6÷14.02=0.492 5 kg

玉米所提供的粗蛋白质 0.492 5 kg×69.5=34.23 g

豆饼提供的消化能为 9.855 2－6.898 6=2.956 6 MJ

豆饼所给的风干饲料量为 2.956 6÷18.16=0.162 9 kg

豆饼提供的蛋白质为 0.162 9×421=68.59 g

由豆饼、玉米可提供的粗蛋白质量为：34.23+68.59=102.82 g

从这个日粮配合来看，需野干草 0.592 1 kg，干苜蓿 0.253 1 kg，玉米 0.492 5 kg，豆饼 0.162 9 kg。

含干物质 1.329 2 kg，消化能 17.156 1 MJ，粗蛋白质 200.27 g，完全能满足育肥羔羊对消化能和粗蛋白质及钙、磷的需要。

四、注意事项

羊是群饲家畜，在实际工作中，对以放牧饲养的羊群，应在日粮中扣除放牧采食获得的营养数量，不足部分补给干草、青贮饲料和精料（包括矿物质和食盐）。此外，在高温季节或地区，羊采食量下降，为减轻热应激、降低日粮中的热增耗而保持净能不变，在做日粮调整时，应减少粗饲料含量，保持较高浓度的脂肪、蛋白质和维生素，以平衡生理上的需要。抗高温添加剂有维生素 C、阿司匹林、氯化钾、碳酸氢钠、氯化铵、无机磷、瘤胃素(monensm)、碘化酪蛋白等。在寒冷地区或寒冷季节，为减轻冷应激，在日粮中应添加含热能较高的饲料。从经济上考虑，用粗饲料作热能饲料比精饲料价格低。

思 考 题

1. 简述配制育肥羊日粮的方法与步骤。
2. 羊有哪些常用饲料?
3. 简述秸秆的氨化处理方法。

第四章　羊的繁殖技术

学习目标：

◆了解羊的繁殖现象和规律

◆掌握羊的配种方法及人工授精技术

◆掌握提高羊群繁殖力的技术措施

现代养羊生产中，繁育技术是关键环节之一。繁育是增加羊群数量和提高羊群质量的必要手段。为了提高羊的繁殖力，必须掌握羊的繁殖特性和规律，了解影响繁殖的各种内外因素。运用繁殖规律，采用先进的繁育技术措施，使养羊生产有计划地进行。

繁殖力就是繁殖后代的能力。绵羊、山羊的繁殖力受遗传、营养、年龄以及其他外界条件，如温度、光照等因素影响。因此，提高羊的繁殖力不仅要在改变羊的遗传性方面下工夫，而且对改进羊的饲养管理、繁殖技术及其他环境条件方面也应该给予足够的重视。

第一节　羊的繁殖现象和规律

一、性成熟和初配年龄

1. 性成熟

性成熟是指性器官已经发育完全，具有产生繁殖能力的生殖细胞和性激素。一般绵羊的性成熟时期是在 5～8 月龄，山羊为 4～6 月龄。

羊性成熟的年龄与品种的遗传性、环境及营养关系密切。早熟的肉用羊比晚熟的毛用羊性成熟早；一般南方母羊的初情期较北方的早，热带的羊较寒带或温带的早；低营养水平条件下母羔的发育较迟，性成熟晚。

2. 初配年龄

绵羊的初次配种年龄一般在 12～18 月龄，但也受绵羊品种和饲养管理条件的制约。凡是草场或饲养条件良好、绵羊生长发育较好的地区，初次配种都在 1.5 岁；而草场或饲养条件较差的地区，初次配种年龄往往推迟到2～3岁时进行。

通常山羊的初配年龄多为10～12月龄。南方山羊品种5月龄即可进行第一次配种，而北方山羊品种初配年龄需到1.5岁。

二、发情

发情为母羊在性成熟以后，所表现出的一种具有周期性变化的生理现象。羊在发情期内，若未经配种，或虽经配种但未受孕时，经过一定时期会再次出现发情现象。由上次发情开始到下次发情开始的期间，称为发情周期。绵羊的发情周期平均为17天（15～19天），山羊平均为21天（19～24天），奶山羊一般为23～24天。发情周期同样受品种、个体和饲养管理条件等因素的影响。母羊发情时有以下一些表现特征：

1. 性欲

性欲是母羊愿意接受公羊交配的一种行为。母羊发情时，一般不抗拒公羊接近或爬跨，或者主动接近公羊并接受公羊的爬跨交配。在发情初期，性欲表现不甚明显，以后逐渐显著。排卵以后，性欲逐渐减弱，到性欲结束后，母羊则抗拒公羊接近和爬跨。

2. 性兴奋

母羊发情时，表现为兴奋不安。

3. 生殖道发生一系列变化

外阴部充血肿大，柔软而松弛，阴道黏膜充血发红，上皮细胞增生，前庭腺分泌增多，子宫颈开放，子宫蠕动增多，输卵管的蠕动、分泌和上皮纤毛的波动也增强。

4. 卵泡发育和排卵

卵巢上有卵泡发育成熟，发育成熟后卵泡破裂，卵子排出。

母羊在某一时期出现上述四方面的特征，通常都称为发情。母羊从开始表现上述特征到这些特征消失为止，这一时期称为发情持续期。母羊的发情持续期与品种、个体、年龄和配种季节等有密切的关系，绵羊的发情持续期一般为24～26 h，以持续30 h居多；山羊发情持续期一般为20～48天，以持续40 h居多。

母羊产后的第一次发情，绵羊多出现在产后25～46天，山羊多出现在产后10～14天。

三、怀孕

绵羊、山羊从开始怀孕到分娩，这一时期称为怀孕期或妊娠期。绵羊的妊娠期正常范围为146～157天，平均为150天；山羊的妊娠期正常范围为146～161天，平均为152天。怀孕期的长短，因品种、多胎性、营养状况不同而略有差异。早熟品种多半是在饲料比较丰富的条件下育成的，怀孕期较短，平均为145天左右；晚熟品种多在放牧条件下育成的，怀孕期较长，平均为149天左右。

四、羊的繁殖季节

绵羊、山羊的繁殖季节（亦称配种季节）是通过长期的自然选择逐渐演化形成的，主要决定因素是分娩时的环境条件要有利于初生羔羊的存活。绵羊、山羊的繁殖季节，因品种、地区而有差异，一般是在夏、秋、冬三个季节，母羊有发情表现。母羊发情时，卵巢机能活跃，卵泡发育逐渐成熟并接受公羊交配。平时，卵巢处于静止状态，卵泡不发育，也不接受公羊的交配。母羊发情之所以有一定的季节性，是因为在不同的季节中，光照、气温、饲草饲料等条件发生变化，由于这些外界因素的变化，特别是母羊的发情需要由长变短的光照条件，所以发情主要在秋、冬两季。在饲养管理条件良好的年份，母羊发情开始早，而且发情整齐旺盛。公羊在任何季节都能配种，但在气温高的季节，性欲减弱或者完全消失，精液品质下降，精子数目减少，活力降低，畸形精子增多。在气候温暖、海拔较低、牧草饲料良好的地区，饲养的绵羊、山羊品种一般一年四季都发情，配种时间不受限制。

第二节　配种方法和人工授精

一、配种时期的选择

羊配种时期的选择，主要是根据在什么时期产羔最有利于羔羊的成活和母子健壮来决定。在年产羔一次的情况下，产羔时间可分为两种，即冬羔和春羔。一般 7—9 月配种，12 月至第二年 1—2 月产羔称为冬季产羔；在 10—12 月配种，第二年 3—5 月产羔称为春季产羔。养羊单位和农牧民饲养户产冬羔还是产春羔，不能强求一律，要根据所在地区的气候和生产技术条件来决定。

二、羊的配种方法

羊的配种方法有两种，即自由交配和人工授精。

1. 自由交配

自由交配是养羊业中最原始的配种方法。这种配种方法是在绵羊、山羊的繁殖季节，将公羊、母羊混群放牧，任其自由交配。用这种方法配种时，节省人工，不需要任何设备，如果公母羊比例适当［一般 1∶(30～40)］，受胎率也相当高。

但是，用这种方法配种也有许多缺点。由于公母羊混群放牧，公羊在一天中追逐母羊交配，影响羊群的采食抓膘，而且公羊的精力消耗也太大，无法了解后代的血缘关系，不能进行有效的选种选配。另外，由于不知道母羊配种的确切时间因而无法推测母羊的预产期，同时由于母羊产羔时期拉长，所产羔羊年龄大小不一，从而在管理上造成困难。

因此，可采用人工辅助交配法。即公母羊分群放牧，到配种季节每天对母羊进行试情，然后把挑选出来的发情母羊与指定的公羊进行交配。采用这种方法配种，可以准确登记公母羊的耳号及配种日期，从而能够预测分娩期，节省公羊精力，提高受配母羊头数，同时也比较有利于进行羊的选配工作。

2. 人工授精

羊的人工授精是指通过人为的方法，将公羊的精液输入母羊的生殖器内，使卵子受精以繁殖后代。它是近代畜牧科学技术的重大成就之一，是当前我国养羊业中常用的技术措施，与自然交配相比有以下优点：

（1）扩大优良公羊的利用率。在自然交配时，公羊射一次精只能配一只母羊，如果采用人工授精的方法，由于输精量少和精液可以稀释，公羊的一次射精量，一般可供几只或几十只母羊的受精之用。因此，应用人工授精方法，不但可以增加公羊配母羊的数量，而且还可以充分发挥优良公羊的作用，迅速提高羊群质量。

（2）可以提高母羊的受胎率。采用人工授精的方法，由于将精液完全输送到母羊的子宫颈或子宫颈口，增加了精子与卵子结合的机会，同时也解决了母羊因阴道疾病或因子宫颈位置不正所引起的不育；再者，由于精液品质经过检查，避免了因精液品质的不良所造成的空怀。因此，采用人工授精可以提高受胎率。

（3）采用人工授精方法，可以节省购买和饲养大量种公羊的费用。例如，有适龄母羊3 000只，如果采用自然交配方法，至少需要购买种公羊80～100只，而如果采用人工授精方法，在我国目前的条件下，只需购买10只左右就行了，这样就节省了大量的购买种公羊及种公羊的饲养管理费用。

（4）可以减少疾病的传染。在自然交配过程中，由于羊体和生殖器官的相互接触，就有可能把某些传染性疾病和生殖器官疾病传播开来。采用人工授精方法，公母羊不直接接触，器械经过严格消毒，这样传染病传播的机会就可以大大减少。

（5）由于现代科学技术的发展，公羊的精液可以长期保存和实行远距离运输。这样，对于进一步发挥优秀公羊的作用，迅速改造低产养羊业的面貌将发挥重要的作用。

三、羊的人工授精组织和技术

1. 配种前的准备工作

（1）站址的选择及房舍设备。羊的人工授精站的站址，一般应选择在母羊分布密度大，水草条件好，有足够的放牧地，交通比较方便，无传染病，地势比较平坦，避风向阳而又排水良好的地方。人工授精站需要有一定数量和一定规格的房屋和羊舍。房屋主要是采精室、精液处理室和输精室。羊舍主要是种公羊舍、试情公羊舍及试情圈等。在有条件的羊场、乡、村或专业户，还应考虑修建工作人员住房及库房等建筑。

采精室、精液处理室和输精室要求光线充足，地面坚实（最好铺砖块），以便清洁和减少尘土飞扬，空气要新鲜，并且互相连接，以便工作，室温要求保持在18～25℃。采精室面积为12～20 m²，精液处理室面积为8～12 m²，输精室面积为20～30 m²。种公羊舍要求地面干燥、光线充足，有结实而简单的门栏，有补饲用的草架和饲槽。总之，一切建筑（也可以用塑料暖棚）既要有利于操作，又要因地制宜，力求做到科学、经济和实用。

（2）器械药品的准备。人工授精所需要的各种器械，如假阴道内胎、假阴道外壳、输精器、集精杯、金属开膣器等，以及常用的各种兽医药品和消毒药品，要按授精站的规模和承担的任务，事前做好充足的准备。

（3）公羊的准备。配种开始前1～1.5个月，对参加配种的公羊，应指定有关技术人员对其精液品质进行检查，目的有二：一是掌握公羊精液品质情况，如发现问题，可及早采取措施，以确保配种工作的顺利进行；二是排除公羊生殖器中长期积存下来的衰老、死亡和解体的精子，促进种公羊的性机能活动，产生新精子。因此，在配种开始以前，每只种公羊至少要采排精液15～20次，开始每天可采排精液一次，在后期每隔一天采排精液一次，对每次采得的精液都应进行品质检查。如果公羊初次参加配种，在配种前一个月左右，应有计划地对公羊进行调教。调教办法如下：让公羊在采精室与发情母羊交配几次；把发情母羊的阴道分泌物抹在公羊鼻尖上以刺激其性欲；注射丙酸睾丸素，隔一天一次；每天用温水把阴囊洗干净，擦干，然后用手由下而上地轻轻按摩睾丸，早、晚各一次，每次10 min；别的公羊采精时，让被调教公羊在旁边观摩；加强饲养管理，增加运动里程和运动强度等。

（4）母羊群的准备。凡确定参加人工授精的母羊要单独组群，认真管理，防止公羊、母羊混群，防止偷配。在配种开始前5～7天，应进入授精站范围内的待配母羊舍（圈）；在配种前和配种期，要加强饲养管理，使羊只吃饱喝足休息好，做到满膘配种。

2. 试情

由于母羊发情征状不明显，发情持续期短，漏过一次就会耽误配种时间至少半个多月，因此，在人工授精工作中必须用试情公羊每天从大群待配母羊中找出发情母羊适时进行配种。选作试情公羊的个体必须是体质结实，健康无病，行动灵活，性欲旺盛，生产性能良好，年龄在2～5岁。试情公羊的数量一般为参加配种母羊数的2%～4%。

每天清晨（或早、晚各一次），将试情公羊赶入待配母羊群中进行试情，凡愿意与公羊接近，并接受公羊爬跨的母羊即认为是发情羊，应及时将其捕捉并送至发情母羊圈中。有的处女羊发情征状表现不明显，虽然有时与公羊接近，但又拒绝接受爬跨，这种情况也应将羊捕捉，然后辅以阴道检查判定。

为了防止试情公羊偷配，试情时应在试情公羊腹下系上试情布。试情布要捆结实，防止阴茎脱出造成偷配事故。每次试情结束，要清洗试情布，以防布面变硬，擦伤阴茎。我国许多地区还推广了对试情公羊进行输精管结扎和阴茎移位，既节约了大量用布，又杜绝了偷配，同时还减轻了工作负担，普遍受到欢迎。但阴茎移位的角度要合适，每年试情工作开始前对所有阴茎移位的公羊要进行一次移位角度的检查。输精管结扎的试情公羊，一般使用2～3年后要更换。

试情工作与配种成绩关系非常密切，在某种程度上甚至成为羊人工授精工作的关键。因此，在试情工作中要力求做到认真负责，仔细观察，随时注意试情公羊的动向，及时捕捉发情母羊，随时驱散成堆的羊群，为试情公羊接触母羊创造条件；在试情过程中要始终保持安静，禁止无故惊扰羊群；为了抓尽发情母羊，每天的试情时间 7—9 月配种的应不少于1.5 h，10—12 月配种的应不少于 1.0 h。

3. 采精

（1）消毒。凡是人工授精使用的器械，都必须经过严格的消毒。在消毒以前，应将器械洗净擦干，然后按器械的性质、种类分别包装。消毒时，除不易放入或不能放入高压消毒锅（或蒸笼）的金属器械、玻璃输精器及胶质的内胎外，一般都应尽量采用蒸汽消毒，其他采用酒精或火焰消毒。蒸汽消毒时，器材应按使用的先后顺序放入消毒锅，以免使用时在锅内寻找，耽误时间。凡士林、生理盐水棉球用前均需消毒好。消毒好的器材、药液要防止污染并注意保温。

（2）采精的方法和步骤

1）采精场地。要有固定的采精场所，以便使公羊建立交配的条件反射，如果在露天采精，则采精的场地应当避风、平坦，并且要防止尘土飞扬。采精时应保持环境安静。

2）台羊的准备。对公羊来说，台羊（母羊）是重要的性刺激物，是用假阴道采精的必要条件。台羊应当选择健康的、体格大小与公羊相似的发情母羊。用不发情的母羊作为台羊不能引起公羊性欲时，可先用发情母羊训练数次即可。在采精时，须先将台羊固定在采精架上。如用假母羊作台羊，须先经过训练，即先用真母羊为台羊，采精数次，再改用假母羊为台羊。假母羊是用木料制成的木架（大小与公羊体格相似），架内填上适量的麦草或稻草，上面覆盖一张羊皮并固定。

3）公羊的牵引。在牵引公羊到采精现场后，不要使它立即爬跨台羊，要控制几分钟，再让它爬跨，这样不仅可增强其性反射，也可提高所采取精液的质量。公羊阴茎包皮孔部分如有长毛应事先剪短，如有污物应擦洗干净。

4）采精技术。采精人员用右手握住假阴道后端，固定好集精杯（瓶），并将气嘴活塞朝下，蹲在台羊的右后侧，让假阴道靠近公羊的臀部，在公羊跨上母羊背上的同时，应迅速将公羊的阴茎导入假阴道内，切忌用手抓碰摩擦阴茎。若假阴道内的温度、压力、滑度适宜，当公羊后躯急速向前用力一冲，即已射精，此时，顺公羊动作向后移下假阴道，并迅速将假阴道竖起，集精杯一端向下，然后打开活塞上的气嘴，放出空气，取下集精杯，用盖子盖好送精液处理室待检。

（3）采精后用具的清理。倒出假阴道内的温水，将假阴道、集精杯放在热水中用洗衣粉充分洗涤，然后用温水冲洗干净，擦干待用。

4. 精液品质的检查

精液品质的检查是保证受精效果的一项重要措施。主要检查的项目包括颜色、射精量、云雾状、气味、精子活力和密度等。

公羊的精液为乳白色，气味略带腥味，肉眼可看到云雾状；绵羊每次射精量为0.8～1.2 mL，山羊为0.5～1.5 mL，每毫升精液中精子的数量为25亿个左右。

用显微镜判别精子活力，是根据显微镜下直线前进运动的精子所占的比例来确定其活率等级。一般公羊精子的活率应在0.6以上才能供输精用。精子密度分为密、中和稀三级。公羊的精液含附性腺分泌物少，精子密度大，所以，一般用于输精的精液，其精子密度至少是中级。

5. 精液的稀释

绵羊、山羊精液的稀释倍数一般为2～4倍。稀释前进行品质检查，为防止精液温度突然变化，稀释液应现用现配，并将精液和稀释液同时置于30℃左右的水浴锅做同温处理。稀释时将稀释液沿杯壁慢慢加入精液中，然后轻轻摇动使之混合均匀。如做20倍以上的高倍稀释，应先将稀释液总量的1/3～1/2做低倍稀释，稍等片刻后再将剩余的稀释液全部加入。稀释完毕后必须做活力检查，精子活力在0.8以上时，方可分装保存用于输精。

6. 输精

在羊人工授精的实际工作中，由于母羊发情持续时间短，很难准确地掌握发情开始时间，所以当天抓出的发情母羊就在当天配种1～2次（若每天配一次则在上午配，配两次则上、下午各配一次），如果第二天继续发情，则可再配。

将待配母羊牵到输精室内的输精架上固定好，并将其外阴部清洗干净并消毒，输精员右手持输精器，左右持开膣器，先将开膣器慢慢插入阴道，再将开膣器轻轻打开，寻找子宫颈。如果在打开开膣器后，发现母羊阴道内黏液过多或有排尿表现，应让母羊先排尿或设法使母羊阴道内的黏液排净，然后将开膣器再插入阴道，细心寻找子宫颈。子宫颈附近黏膜颜色较深，当阴道打开后，向颜色较深的方向寻找子宫颈口，找到子宫颈后，将输精器前端插入子宫颈口内0.5～1.0 cm深处，用拇指轻压活塞，注入原精液0.05～0.1 mL或稀释液0.1～0.2 mL。如果遇到初配母羊，阴道狭窄，开膣器插不进或打不开，无法寻见子宫颈时，只能进行阴道输精，但每次输入精液量至少增加1倍。

在输精过程中，如果发现母羊阴道有炎症，而又要使用同一输精器的精液进行连续输精时，在对有炎症的母羊输完精之后，用96%的酒精棉球擦拭输精器进行消毒，以防母羊相互传染疾病。但使用酒精棉球擦拭输精器时，要特别注意棉球上的酒精不宜太多，而且只能从后部向尖端方向擦拭，不能倒擦。酒精棉球擦拭后，用0.9%的生理盐水棉球重新再擦拭一遍，才能对下一只母羊进行输精。

输精器用后立即用温碱水或洗涤剂冲洗，再用温水冲洗，以防精液粘在管内，然后擦干保存。开膣器先用温碱水或洗涤剂冲洗，再用温水洗，擦干保存。其他用品按性质分别洗涤和整理，然后放在柜内或放在搪瓷盘中，用布盖好，避免尘土污染。

第三节　产　羔

产羔是养羊业生产中的主要工作之一，因此要特别重视，认真组织和安排好劳动力，确保丰产丰收。

一、产羔前的准备工作

1. 接羔棚舍及用具的准备

我国地域辽阔，各地自然生态条件和经济发展水平差异很大，接羔棚舍（在较寒冷地区可用塑料暖棚）及用具准备应当因地制宜，不能强求一致。300 只产羔母羊至少应有接羔室 90 m^2，有条件的单位面积还可更大一些，暂时没有条件修建接羔室的，应在羊舍内临时修建接羔棚；每个产羔母羊群至少要有 10 个分娩栏，50～80 个护腹带，2～4 个接羔袋。冬产母羊每只应有产羔舍面积 2 m^2 左右，分娩栏为产羔母羊数的 10%～15%。

产羔工作开始前 3～5 天，必须对接羔棚舍、运动场、饲草架、饲槽、分娩栏等进行修理和清扫，并用 3%～5%的碱水、10%～20%的石灰乳溶液或其他消毒药品进行比较彻底的消毒。消毒后的接羔棚舍，应当做到地面干燥、空气新鲜、光线充足、挡风御寒。

接羔棚舍内可分大、小两处，大的一处放母子群，小的一处放初产母子。运动场内亦应分成两处，一处圈母子群，羔羊小时白天可留在这里，羔羊稍大时，供母子夜间停宿；另一处圈待产母羊群。

2. 饲草、饲料的准备

牧区在接羔棚舍附近，从牧草运青时开始，在避风、向阳、靠近水源的地方用土墙、草坯或铁丝网围起来，作为产羔用草地，其面积大小可根据产草量、牧草的植物学组成以及羊群的大小、羊群品质等因素决定，但至少应当够产羔母羊 1.5 个月的放牧用为宜。有条件的羊场及农、牧民饲养户，应当为冬季产羔的母羊准备充足的青干草、质地优良的农作物秸秆、多汁饲料和适当的精料等；对春季产羔的母羊也应准备至少可以舍饲 15 天所需要的饲草饲料。

3. 接羔人员的准备

接羔是一项繁重而细致的工作，因此，每群产羔母羊除主管牧工以外，还必须配备一定数量的辅助劳动力，才能确保接羔工作的顺利进行。

产羔母羊群的主管牧工及辅助接羔人员必须分工明确，责任落实到人。在接羔期间，要求坚守岗位，认真负责地完成自己的工作任务，杜绝一切责任事故的发生。对所有参加接羔的工作人员，在接羔前组织学习有关接羔的知识和技术。

4. 兽医人员及药品的准备

在产羔母羊比较集中的乡、村或场队，应当设置兽医站（点），购足在产羔期间母羊和羔羊常见病的必需药品和器材。除平时值班兽医一人外，还应临时增加一人，以便巡回检查，做到及时防治。此外，对一些常见病、多发病可将预防药物按剂量包好，交给经过培训的放牧员，按规定及时投服。

二、接羔

1. 临产母羊的特征

母羊临产前，乳房肿大，乳头直立；阴门肿胀潮红，有时流出浓稠黏液；肷窝下陷，尤其以临产前 2～3h 最明显；行动困难，排尿次数增多；起卧不安，不时回顾腹部，或喜卧墙角，卧地时两后肢向后伸直。

2. 产羔过程及接羔技术

母羊正常分娩时，在羊膜破后几分钟至 30 min 左右，羔羊即可产出。正常胎位的羔羊，出生时一般是两前肢及头部先出，并用头部紧靠在两前肢的上面。若是产双羔，先后间隔 5～30 min，但也偶有长达数小时的。因此，当母羊产出第一个羔羊后，必须检查是否还有第二个羔羊，方法是以手掌在母羊腹部前侧适力颠举，如系双胎，可触感到光滑的羔体。

在母羊产羔过程中，非必要时一般不应干扰，最好让其自行娩出。但有的初产母羊因骨盆和阴道较为狭小，或双胎母羊在分娩第二头羔羊时已感疲乏，这时需要助产。其方法是：人在母羊体躯后侧，用膝盖轻压其肷部，等羔羊嘴端露出后，用一手向前推动母羊会阴部，羔羊头部露出后，再用一手托住头部，一手握住前肢，随母羊的宫缩向后下方拉出胎儿。若属胎势异常或其他原因难产时，应及时请有经验的畜牧兽医技术人员协助解决。

羔羊产出后，首先把其口腔、鼻腔里的黏液掏出擦净，以免呼吸困难、吞咽羊水而引起窒息或异物性肺炎。羔羊身上的黏液最好让母羊舔净，这样对母羊认羔有好处。如母羊恋羔性弱，可将胎儿身上的黏液涂在母羊嘴上，引诱它舔净羔羊身上的黏液。如果母羊不舔或天气寒冷时，可用柔软干草迅速把羔羊擦干，以免受凉。如碰到分娩时间较长，羔羊出现假死情况时，欲使羔羊复苏，一般采用两种方法：一种方法是提起羔羊两后肢，使羔羊悬空，同时拍击其背胸部；另一种方法是使羔羊平卧，用两手有节律地推压羔羊胸部两侧。暂时假死的羔羊经过这种处理后，即能复苏。

三、产羔母羊及羔羊的护理

产后母羊经过阵痛和分娩，筋疲力尽，机体的抵抗力降低，为使母羊尽快复原，必须加强护理。在产后 1 h 左右给母羊饮 1～1.5 L 的温水，水温为 25～30℃，忌饮冷水，可加少量食盐、红糖和麦麸。3 天之内喂给质量好、易消化的饲料，减少精料喂量，以后逐渐转变为饲喂正常饲料。母羊分娩后，羔羊吃奶前，应剪去母羊乳房周围的长毛，并用温水洗涤乳房，擦干后，挤出些乳汁，帮助羔羊吸乳。注意母羊恶露排出的情况，一般在 4～6 h 排净恶露。检查母羊的乳房有无异常或硬块。

羔羊产出后，注意羔羊的保温。在严寒地区或放牧地区出生的羔羊，应迅速擦干羔羊身体，用接羔袋背回接羔室放入母子栏内，尽快帮助羔羊吃上初乳。假如新生羔羊体弱、找不到乳头、母羊不认羔羊时，要设法帮助母子相认或人工另找保姆羊。对有病羔羊要尽早发现，及时治疗，给予特殊护理。

对于母羊和出生后 3 天以内的羔羊，母子均应放入接羔室的母子栏内；3 天以后转到室外母子圈，气候好时可赶到较近的优质草场上放牧；一周内，母子合群饲养。对体弱和母子不相认的羊，应延长在室内母子栏内的饲养时间，直到羔羊健壮时再转群。为便于管理，母子群的羊可在母子同一体侧编上相同的临时号码。

第四节　提高繁殖力的主要方法

一、提高种公羊和繁殖母羊的饲养水平

营养条件对绵羊、山羊繁殖力的影响极大，丰富和平衡的营养可以提高种公羊的性欲和精液品质，促进母羊发情和排卵数的增加。因此，加强对公羊、母羊的饲养，特别在当前我国农村牧区的具体条件下，加强对母羊在配种前期及配种期的饲养，实行满膘配种，是提高绵羊、山羊繁殖力的重要措施。实践表明，在采精前 50 天给种公羊补饲不同蛋白质水平的精料，结果饲喂含有鱼粉的高蛋白组要比饲喂不含鱼粉的低蛋白组一次射精量提高 27%，日增重多 86 g，一次排出精液可比低蛋白组多输给 10 只母羊，而精子密度却无明显变化。在配种前 2.5～3 个月，给母羊选择优良牧地，延长放牧时间，加强放牧抓膘；配种前 2～3 周，每天每只羊补喂 0.25 kg 精料（豆饼占 30%，玉米占 70%），使母羊在短期内膘肥体壮，经产母羊平均体重达 55 kg、初产母羊达 45 kg 以上，结果与没有短期优饲的一群母羊相比，产羔率提高 10%。

二、选留来自多胎的绵羊、山羊作种用

羊的繁殖力是有遗传性的，一般来说，在第一胎时产双羔的母羊在以后的胎次产双羔的可能性较高。许多研究者的实验还指出：选择具有较高生产双羔潜力的公羊比为了同样目的来选择母羊，在遗传上更为有效。

另外，引入具有多胎性的绵羊、山羊的基因，也可以有效地提高绵羊、山羊的繁殖力。例如，小尾寒羊和芬兰的兰德瑞斯羊的产羔率可达 200%～300%，苏联美利奴羊为 140%，考力代羊为 120%，经过杂交，苏寒一代杂种的产羔率平均为 171%。

三、增加适龄繁殖母羊比例，实行密集产羔

羊群结构的合理化对羊的增殖有很大的影响。如绵羊在 3.5～7.5 岁时蛋白质代谢过程最旺盛，一般到 4 岁时达到排卵高峰。因此，增加适龄繁殖母羊（2～5 岁）在羊群中的比例，也是提高羊繁殖力的一项重要措施。在育种场，适龄繁殖母羊的比例可提高到 60%～70%，在经济羊场该比例则可考虑达到 40%～50%。

另外，在气候和饲养管理条件较好的地区，可以实行羊的密集产羔，也就是使羊两年产三次或一年产两次羔。为了保证密集产羔的顺利进行，必须注意以下几点：首先，必须选择健康结实、营养良好的母羊，母羊的年龄以 2～5 岁为宜，还必须是乳房发育良好、泌乳量比较高的。其次，要加强对母羊及其羔羊的饲养管理，母羊在产前和产后必须有较好的补饲条件。最后，要从当地具体条件和有利于母羊的健康及羔羊的发育出发，恰当而有效地安排好羔羊早期断奶和母羊的配种时间。

四、运用繁殖新技术

1. 同期发情

所谓同期发情（或称同步发情）就是利用某些激素制剂，人为地控制并调整一群母畜的发情周期，使它们在特定的时间内集中表现发情，以便于组织配种，扩大对优秀种公羊的利用。同时，这也是胚胎移植中重要的一环，使供体和受体发情同期化，有利于胚胎移植的成功。

目前，使用的方法：一是用孕激素处理母羊，抑制卵泡的生长发育，经过一段时间后同时停药，引起同期发情；二是用前列腺素类药物加速黄体消退，缩短发情周期，促使母羊提早发情。

2. 超数排卵和胚胎移植

超数排卵就是利用促卵泡生长、成熟的激素来改变母羊在一个发情期只排 1～2 枚卵的状况，促使它在一个发情期排更多的卵。胚胎移植就是将一头母畜（亦称供体）的受精卵或早期胚胎取出，移植到另一头母畜（亦称受体）的输卵管或子宫内，借腹怀胎，以产出供体后代的一项新技术。超数排卵和胚胎移植结合起来，就能使一只优良的母羊在一个繁殖季节里，产出比自然繁殖增加许多倍的后代。能够充分发挥优良母羊的繁殖潜力，对迅速扩大良种畜群，加快养羊业的良种化进程，有着积极的作用。

3. 早期妊娠诊断

早期妊娠诊断对于保胎、减少空怀和提高繁殖率都具有重要的意义。主要方法包括超声波探测法、激素测定法和免疫学诊断法等。早期妊娠诊断方法的研究和应用，历史悠久，方法也多，但要达到相当高的准确性，并且在生产实践中应用方便，还是一直在探索研究和待

解决的问题。

4. 诱发分娩

诱发分娩是指在妊娠末期的一定时间内，注射某种激素制剂，诱发孕畜在比较确定的时间内提前分娩，这是控制分娩过程和时间的一项繁殖管理措施。使用的激素有皮质激素或其合成制剂、前列腺素及其类似物、雌激素、催产素等。绵羊在妊娠 144 天时，注射地塞米松（或贝塔米松）12～16 mg，多数母羊在 40～60 h 内产羔；山羊在妊娠 144 天时，肌注 PGF2a 20 mg 或地塞米松 16 mg，多数在 32～120 h 产羔。而不注射上述药物的孕羊，197 h 后才产羔。

思　考　题

1. 试述羊的繁殖现象和繁殖规律。
2. 羊的配种方法及其评述。
3. 试比较产冬羔和产春羔的利弊。
4. 如何才能提高羊的人工授精受胎率？
5. 试述产羔母羊及其新生羔羊的护理要点。
6. 简述提高绵羊、山羊繁殖力的主要方法。

第五章　羊的饲养管理

学习目标：

◆了解划区轮牧、放牧基本要求，羊的断尾、去势、驱虫、药浴

◆掌握绵羊四季放牧技术，各类羊的饲养管理技术

◆掌握肉羊的育肥技术

◆掌握奶山羊的饲养管理技术

绵羊是适于放牧的家畜，草原牧草是其主要饲料。羊群通过放牧可提高抗病力。但当冬季草枯、牧草营养下降或放牧采食不足时，必须补饲。肉羊具有成熟早、早期饲料利用率高、体重增长快及繁殖率高的特点。它要求较高的饲养管理条件，在日粮中不仅要有鲜嫩多汁的饲草，还需要喂给富含蛋白质、能量高的饲料。奶山羊应重视泌乳期和干奶期的饲养管理。绒山羊的产绒量、绒毛质量、繁殖率、羔羊成活率等生产性能，都与饲养管理有密切关系。因此，掌握科学的饲养管理方法，对于养羊生产具有重要意义。

第一节　绵羊的饲养管理

一、绵羊的放牧

羊的放牧采食能力强，主要表现是有较强的合群性、自由采食能力和游走能力，故适宜放牧饲养。放牧饲养的优势是能充分利用天然的植物资源、降低养羊生产成本及增加运动量而有利于羊体健康等。因此，在我国广大地区，尤其是牧区和农牧交错地区应广泛采用放牧饲养方式，大力发展养羊业。实践证明，绵羊、山羊放牧的效果主要取决于两个条件：一是草场的质量和利用的合理性；二是放牧的方法和技术是否适宜。

1. 四季放牧场的规划

羊的放牧饲养要求对放牧场做出科学规划。在我国大部分养羊地区，由于季节和气候的影响，牧草的产量和质量均呈现明显的季节性变化。因此，必须根据气候的季节性变

化、牧草的生长规律、草场的地形地势及水源等具体情况规划四季放牧场，才能收到良好的效果。

（1）春季牧场。春季是冷季进入暖季的交替时期，牧草开始萌发，气温多变，气候不稳定。因此，春季牧场应选择在气候较温暖，雪融较早，牧草最先萌发，离冬房较近的平川、盆地或浅丘草场。

（2）夏季牧场。我国夏季气温较高，降水量较多，牧草丰茂但含水量较高。特别是炎热潮湿的气候对羊体健康不利。夏季放牧场应选择气候凉爽，蚊蝇少，牧草丰茂，有利于增加羊只采食量的高山地区。

（3）秋季牧场。秋季气候适宜，牧草结籽，营养价值高，是绵羊、山羊放牧抓膘的最佳时期。牧地的选择和利用，可先由山冈到山腰，再到山底，最后放牧到平滩地。此外，秋季也可利用割草后的再生草地和农作物收割后的茬子地放牧抓膘。

（4）冬季牧场。冬季严寒而漫长，牧草枯黄，营养价值低，此时育成羊处于生长发育阶段，妊娠母羊正处在妊娠后期或产冬羔期。因此，冬季牧场应选择在背风向阳、地势较低的暖和低地和丘陵的阳坡。

2. 放牧羊群的组织和放牧方式

（1）放牧羊群的组织。合理组织羊群是科学放牧饲养绵羊、山羊的重要措施之一，主要表现在有利于羊只的选留和淘汰、合理利用和保护草场、经济利用劳动力和设备、不断提高羊群生产力等方面。组织放牧应根据羊只的数量、羊别（绵羊与山羊）、品种、性别、年龄、体质强弱和放牧场的地形地貌而定。羊数量较多时同一品种可分为种公羊群、试情公羊群、成年母羊群、育成公羊群、育成母羊群、羯羊群和育种母羊核心群等。在成年母羊群和育成母羊群中，还可按等级组成等级羊群。羊数量较少时不宜组成太多的羊群，应将种公羊单独组群（非种用公羊应去势），母羊可分成繁殖母羊群和淘汰母羊群。为确保种公羊群、育种核心群、繁殖母羊群安全越冬度春，每年秋末冬初，应根据冬季放牧场的载畜能力、饲草饲料的储备情况和羊的营养需要，对老龄和瘦弱以及品质较差的羊只进行淘汰，确定羊的饲养量，做到以草定畜。

我国放牧羊群的规模受放牧场地的影响而差别较大。繁殖母羊牧区以每群250～500只、半农半牧区以100～150只、山区以50～100只、农区以30～50只为宜；育成公羊和母羊可适当增加，核心群母羊可适当减少；成年种公羊以每群20～30只、后备种公羊以40～60只为宜。

（2）放牧方式。放牧方式是指对放牧场的利用方式。目前，我国的放牧方式可分为固定放牧、围栏放牧、季节轮牧和小区轮牧四种。

1）固定放牧。是指羊群一年四季在一个特定区域内自由放牧采食。这是一种原始的放牧方式。此方式不利于草场的合理利用与保护，载畜量低，单位草场面积提供的畜产品数量少，每个劳动力所创造的价值不高。牲畜的数量与草地生产力之间自求平衡，牲畜多了就必然死亡。这是现代化养羊业应该摒弃的一种放牧方式。

2）围栏放牧。是指根据地形把放牧场围起来，在一个围栏内，根据牧草所提供的营养物质数量结合羊的营养需要量，安排一定数量的羊只放牧。此方式能合理利用和保护草场，对固定草场使用权也起着重要的作用。围栏内产草量可提高 20%～60%，草的质量也有提高。

3）季节轮牧。是指根据四季牧场的划分，按季节轮流放牧。这是我国牧区目前普遍采用的放牧方式，能较合理地利用草场，提高放牧效果。为了防止草场退化，可定期安排休闲牧地，以利于牧草恢复生机。

4）小区轮牧。又称分区轮牧，是指在划定季节牧场的基础上，根据牧草的生长、草地生产力、羊群的营养需要和寄生虫侵袭动态等，将牧地划分为若干个小区，羊群按一定的顺序在小区内进行轮回放牧。此方式是一种先进的放牧方式，其优点有三：一是能合理利用和保护草场，提高草场载畜量。据新疆紫泥泉种羊场试验，小区轮牧比传统放牧方式每只绵羊可节约草场 1 500 m^2左右。二是可将羊群控制在小区范围内，减少了游走所消耗的热能，增重加快，与传统放牧方式相比，春季、夏季、秋季、冬季的羊只平均日增重可分别提高 13.42%、16.45%、52.53%和 100.00%。三是能控制内寄生虫感染。因为羊体内寄生虫卵随粪便排出需经 6 天发育成幼虫而感染羊群，故羊群只要在某一小区放牧时间限制在 6 天以内，就可减少寄生虫的感染机会。

小区轮牧技术是在季节性牧地实施还是在常年牧地实施，可根据养羊单位的具体条件而定，一般是先粗后细，逐步完善。参与小区轮牧的羊群，按计划在小区依次逐区轮回放牧；同时，要保证小区按计划依次休闲。具体小区轮牧方法如图 5—1—1 所示。

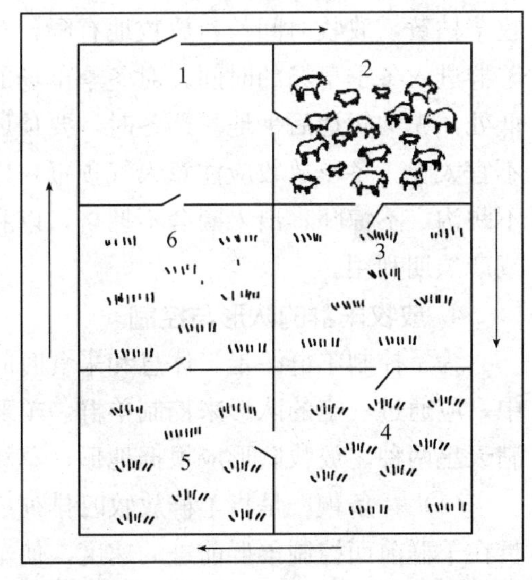

图 5—1—1　小区轮牧示意图

1—刚放牧过的小区　2—正在放牧的小区

3，4—待牧小区　5，6—休闲小区

3. 四季放牧技术

（1）春季放牧。春季气候逐渐转暖，草场逐渐转青，是羊群由补饲逐渐转入全放牧的过渡时期。放牧主要任务是恢复体况。初春时，羊只经过漫长的冬季，膘情差，体质弱，产冬羔母羊仍处于泌乳期，加上气候不稳定，易出现“春乏”现象。这时，牧草刚萌发，羊看到一片青，却难以采食到草，常疲于奔青找草，增加体力消耗，导致瘦弱羊只的死亡；再则，啃食牧草过早，将降低牧草的再生能力，破坏植被进而降低产草量。因此，初春时放牧要求控制羊群，挡住强羊，看好弱羊，防止“跑青”。在牧地选择上，应选阴坡或枯草高的牧地放牧，使羊看不见青草，但在草根部分又有青草，羊只可以青草、干草一起采食，此期一般为两周时间。待牧草长高后，可逐渐转到返青早、开阔向阳的牧地放牧。到晚春，青草鲜嫩，草已长高可转入抢青，勤换牧地（2～3天换一次），以促进羊群复壮。春季对瘦弱羊只可单独组群，适当予以照顾；对带仔母羊及待产母羊应留在羊舍附近较好的草场放牧，若遇天气骤变可迅速赶回羊舍。

（2）夏季放牧。羊群经春季牧场放牧后，体力逐渐得到恢复。此时牧草丰茂，正值开花期，营养价值较高，是补肉膘的好时期。但夏季气温高，多雨、湿度较大，蚊蝇较多，对羊群抓膘不利。因此，在放牧技术上要求早出牧，晚收牧，中午天热要休息，延长有效放牧时间。南方气候炎热，可实行一天两次放牧法，即早、晚各放牧一次，中午在羊舍休息，效果也很好。夏季绵羊、山羊需水量增大，每天应保证充足的饮水，同时，应注意补充食盐和其他矿物质。夏季选择高燥、凉爽、饮水方便的牧地放牧，可避免气候炎热、潮湿、蚊蝇骚扰对羊群抓膘的影响。

（3）秋季放牧。秋季牧草结籽，营养丰富，秋高气爽，气候适宜，是羊群抓油膘的黄金季节。秋季抓膘的关键是尽量延长放牧时间，中午可以不休息，做到羊群多采食、少走路。对刈割草场或农作物收获后的茬子地，可进行抢茬放牧，以便羊群利用茬子地遗留的茎叶和籽实以及田间杂草。秋季也是母羊的配种季节，要做到抓膘、配种两不误。但在霜冻天气来临时不宜早出牧，以防妊娠母羊采食了霜冻草而引起流产。

（4）冬季放牧。冬季放牧的任务是有利于保膘、保胎，羊只安全越冬。冬季气候寒冷，牧草枯黄，放牧时间长，放牧地有限，草畜矛盾突出。应延长在秋季草场放牧的时间，推迟羊群进入冬季草场的时间。对冬季草场的利用原则是：先远后近，先阴坡后阳坡，先高处后低处，先沟堑地后平地。严冬时，要顶风出牧，但出牧时间不宜太早；顺风收牧，收牧时间不宜太晚。冬季放牧应注意天气预报，以避免风雪袭击。对妊娠母羊放牧的前进速度宜慢，不跳沟、不惊吓，出入圈舍不拥挤，以利于羊群保胎。在羊舍附近划出草场，以备大风雪天或产羔期利用。

4. 放牧羊群的队形与控制

为了控制羊群游走、休息和采食时间，使其多采食、少走路而有利于抓膘，在放牧实践中，应通过一定的队形来控制羊群。羊群的放牧队形名称甚多，但基本队形主要有一条鞭和满天星两种。放牧队形应根据地形、草场品质、季节和天气灵活应用。

（1）一条鞭。是指羊群放牧时排列成一字形的横队。羊群横队里一般有1～3层。放牧员在羊群前面控制羊群前进的速度，使羊群缓缓前进，并随时命令离队的羊只归队，如有助手可在羊群后面防止少数羊只掉队。出牧初期是羊采食高峰期，应控制住带头羊，放慢前进速度；当放牧一段时间，羊快吃饱时，前进的速度可适当快一点；待大部分羊只吃饱后，羊群出现站立不采食或躺卧休息时，放牧员在羊群左右走动，不让羊群前进；羊群休息反刍结束，再令羊群继续放牧。此种放牧队形，适用于牧地比较平坦、植被比较均匀的中等牧场。春季采用这种队形，可防止羊群跑青。

（2）满天星。是指放牧员将羊群控制在牧地的一定范围内让羊只自由散开采食，当羊群采食一定时间后，再移动更换牧地。散开面积的大小，主要取决于牧草的密度。牧草密度大、产量高的牧地，羊群散开面积小，反之则大。此种队形，适用于任何地形和草原类型的放牧地。对牧草优良、产草量高的优良牧场或牧草稀疏、覆盖不均匀的牧场均可采用。

总之，不管采用何种放牧队形，放牧员都应做到“三勤”（腿勤、眼勤、嘴勤）、“四稳”（出牧稳、放牧稳、收牧稳、饮水稳）、“四看”（看地形、看草场、看水源、看天气），宁为羊群多磨嘴，不让羊群多跑腿，保证羊一日三饱。否则，羊走路多，采食少，不利于抓膘。

二、绵羊的饲养

我国广大牧区的冷季长达 6～8 个月之久，气候严寒，牧草枯黄，品质下降。以放牧为主的绵羊、山羊全靠放牧采食，不能满足营养需要。因此，加工调制和储备足够的饲草饲料用于冷季补饲，是提高养羊业生产水平的重要措施之一。

1. 母羊群的补饲

为保持母羊正常生产力和顺利完成配种、怀孕、哺乳等项繁殖任务，要保证全年较好的营养水平，首先要加强关键时期的补饲工作。在母羊怀孕后期和哺乳前期，以补饲定量干草和部分混合精料为宜。补饲量要看母羊本身的营养水平，不一定要用很多精料，如有品质较好的干草，则精料补饲量更可减少。

（1）怀孕母羊。怀孕前期（怀孕期的前 3 个月），因为胎儿生长缓慢，需要的营养并不太多，除放牧外，视条件少量补饲或不补饲。

怀孕后期，胎儿生长变快。在怀孕期的后两个月，母羊（含单胎羔羊）共增重 7～8 kg，其代谢比不怀孕的母羊高 20%～75%。为了满足怀孕母羊的生理需要，仅靠放牧是不够的，一般情况，在怀孕后期除抓紧放牧外，每只羊每天补饲精料 450 g、野干草 1.0～1.5 kg、野草青贮 1.5 kg、食盐和骨粉 15 g。一般繁殖群和杂种母羊可酌减。给怀孕母羊补饲的草料的品质必须是较好的，发霉、腐败、变质、冰冻的饲料不能饲喂。

怀孕母羊补饲要慢、稳，防止拥挤、滑跌，严防跳崖、跳沟，最好在较平坦的牧地上放牧，禁止无故捕捉、惊扰羊群，以防流产。

怀孕母羊的圈舍要求干燥、通风良好。

（2）哺乳母羊。母乳是羔羊生长发育所需营养的主要来源，特别是出生后的最初 20～30 天。母羊奶多，羔羊发育好、抗病力强、成活率高。如果母羊养得不好，不但大羊消瘦，产奶量少，而且影响羔羊的生长发育。产春羔时，放牧场要好，母羊吃到好的青草，能增加乳汁分泌，如草场差，应适量补饲。产冬羔时，除放牧外，应补饲优质干草和多汁饲料。育种群母羊，在哺乳前期每只羊（单羔）每天补饲混合精料 500 g、苜蓿干草 3.0～3.5 kg；哺乳中期减至精料 300～450 g、干草 1～2 kg。

哺乳母羊及其羔羊放牧时间由短到长，距离由近到远，要特别注意天气变化，若有大风雪应提前赶羊回圈。

羔羊断奶前几天，就要减少母羊的多汁饲料、青贮饲料和精料喂量，以预防发生乳房炎。

哺乳母羊的圈舍应经常打扫，保持清洁干燥。胎衣、毛团等污物要及时清除，以防羔羊吞食生病。

2. 种公羊的补饲

由于种公羊在改良羊群中的重大作用和繁殖利用上的许多特点，其饲养管理的要求比母羊要高，除放牧外，需要比母羊更好的补饲。

种公羊是改良羊群品质的保证。因为数量小、作用大，所以不论羊场或专业户，对公羊的饲养管理都远较母羊细致周到，这是十分合理和必要的。

（1）种公羊应有的营养状况。种公羊在全年都能维持良好的健康状况，在非配种期应有中等或中等以上的营养水平，配种期应保持健壮、活泼、精力充沛，但不要过肥。过肥多半是由于饲养不当和缺乏运动造成的，会引起公羊配种能力和精液品质降低。

（2）适于饲养种公羊的饲料。种公羊的日粮必须含有丰富的蛋白质、维生素和无机盐。蛋白质含量会影响种公羊的性机能，饲喂富含蛋白质的饲料能使种公羊性机能旺盛，精液品质好，母羊受精率高；钙、磷是形成正常精液所必需的，故在配种期应常给种公羊补饲牛奶、鸡蛋、骨粉等。

种公羊的饲料应当品质好，易消化，适口。最理想的粗饲料是苜蓿干草、三叶草干草和青燕麦干草等。精料以燕麦、大麦为好，糠麸、高粱等效果亦佳。在缺乏豆科干草时，补饲一定数量的豌豆也是必要的．多汁饲料有胡萝卜、饲用甜菜、莞根及青贮饲料等。

（3）种公羊的饲喂。在非配种期，全日舍饲时，每日每只喂优质干草 2.0～2.5 kg，多汁饲料 1.0～1.5 kg，混合精料 400～600 g。在配种期，每日每只喂青饲料 1.0～1.3 kg，混合精料 1.0～1.5 kg；采精次数多时，每日再补饲鸡蛋 2～3 个或脱脂乳 1～2 kg。如能放牧，补饲量可适当减少。一些羊场的新疆细毛羊，在非配种期，除放牧外，每日每只补饲混合精料 500 g，在配种前 1 个月至配种后 1 个月，每日每只补饲混合精料 750 g；冬春非配种季节每日每只补饲青燕麦干草 1.0～1.5 kg，胡萝卜 250 g。种公羊在配种期除放牧外，每日每只应补饲混合精料 800～1 100 g、胡萝卜 200～400 g、鸡蛋 2～4 个、苜蓿干草 1 kg、野干草 3 kg。

（4）种公羊的补饲要点。种公羊要单独组群放牧和补饲。放牧时距母羊群要远些，尽可能防止公羊互斗。种公羊圈舍宜宽敞坚固，保持清洁、干燥，定期消毒。

3. 补饲定额

在冬季枯草期，根据羊群放牧采食状况及时开始补饲，补饲量从少到多，直至翌年牧草返青，放牧采食能满足营养需要时为止。补饲定额和时间因各地条件不同而异。在同一地区，根据羊体营养需要，一般种公羊和妊娠后期母羊，应多补饲一些。我国东北地区细毛羊的补饲定额参见表 5—1—1。

表 5—1—1　　东北地区细毛羊补饲定额

场名	羊的类别	补饲天数	补饲定额［kg/（只·年）］				备注
			粗饲料	青贮饲料	块根饲料	精料	
双辽种羊场	种公羊	365	250	200	100	180	农牧交错区
	成年母羊	150	200	150	50	50	
	育成公羊	150	230	300	80	50	
	育成母羊	150	155	50	50	50	
	哺乳羔羊	100	40	40	60	20	
银浪种羊场	种公羊	365	380	50	50	230	牧区
	成年母羊	200	300	100	50	50	
	育成公羊	210	250	50	50	50	
	育成母羊	210	250	50	50	40	
	哺乳羔羊	100	50			20	

干草用草架饲喂，精料和多汁饲料应在料槽里饲喂。补饲时精料可在出牧前饲喂，干草、多汁饲料可在归牧后饲喂。补饲干草和精料要及时，根据羊的营养状况选择，必要时可把营养状况差的羊挑出来先补，营养状况好转后再与大群合喂。

4. 绵羊的饮水和喂盐

饮水对绵羊很重要，如果饮水不能保证，对羊体健康、泌乳量和剪毛量都有不良影响。绵羊的饮水量与天气状况、牧草含水量都有关系。夏季每天可饮水两次，其他季节每天至少饮水 1 次。饮水以河水、井水或泉水最好，死水易使羊感染寄生虫病，不宜饮用。饮河水时应把羊群散开避免拥挤，饮井水时应安装适当长度的饮水槽。

每只绵羊每日需食盐 5～10 g，哺乳母羊宜多给些。为了减少补饲食盐的麻烦，可隔数日给食盐 1 次，把盐放在料槽里或粉碎掺在精料里饲喂。碱滩或盐湖附近的牧草含盐分较多，放牧时可不再补盐。

三、绵羊的管理

1. 合理安排生产环节

绵羊是以放牧为主的家畜，在生产过程中要尽可能增加有效放牧时间。在某些生产环节上影响放牧时，要适量补饲。每一生产环节安排的基本原则是尽量争取在较短时间内完成，如配种工作一般应争取 1 个月左右结束。配种时间拖长，必然产生多种不良后果：一是影响秋冬季放牧；二是延长产羔时间。这不仅使羔羊发育不一致，造成编群和培育的困难，更严重的是，影响以后各生产环节的安排，打乱整个管理秩序。

养羊的主要生产环节是鉴定、剪毛、配种、产羔和育羔、羔羊的断奶和分群。生产环节有主次之分，必须着重考虑安排好主要的生产环节，整个生产就会有条不紊；反之，如果主要环节安排不当，就会打乱整个生产秩序，造成工作中的混乱和生产上的损失。最主要的生产环节是产羔和剪毛。这两个环节都是养羊业的收获季节，与配种和鉴定有密切的联系。首先考虑产羔和剪毛的适当时间，然后按要求及时结束配种和鉴定。

（1）产羔工作的安排。安排产羔应结合绵羊品种、气候、饲养管理水平等因素统一考虑。

第一，如果某地、某场的气候、牧草和饲养条件较好，即气候稍暖，青草萌发较早，枯草季节较短，具备有保暖条件的棚舍和较充足的饲料，则以产冬羔为宜。

第二，如果上述条件较差，但还有一定的保暖和补饲条件，则以产春羔为宜。

确定产羔时间以后，就可以根据产羔的时间推算配种的时间，并坚持在计划时期内结束配种工作。

（2）剪毛工作的安排。剪毛时间主要是根据气候条件考虑的，但也受其他生产环节的影响。譬如，配种时间拖长，产羔也势必拖延，这样羊群放不好头青，本来已到剪毛时间，也会因营养不够而拖后剪毛。

剪毛应当在气候已经变暖且变化不大，牧草已经长起，羊群已抓好头青，营养状况已经恢复的时候进行。如果提前剪毛，可能因气候多变而造成损失；反之，如推迟剪毛，则可能因脱毛受到损失，更要紧的是影响出圈和抓好夏膘，耽误下一个生产环节的安排。

绵羊剪毛因各地气候不同，时间难于统一，一般在5—7月进行。

如果确定4月中旬开始产羔，剪毛在6月中旬进行，那么配种就应当安排在11月中旬开始，断奶分群必须在8月，鉴定应当安排在6月初。

每个生产环节于最短时间内完成，必须在人力、物力、技术上以及羊群营养等方面作充分准备。在完成每个生产环节的过程中，应尽可能保证有足够的放牧时间。

全年生产环节虽已安排妥当，还应根据具体条件的变化，随时调整或改变。

2. 编号

绵羊编号是育种工作必不可少的工序，有了个体编号才能作各种育种记载，进行选种和选配，等级编号便于识别绵羊的等级。

（1）个体标记。用金属耳标或塑料耳标，在羊耳的适当位置（耳上缘）打孔、安装。耳标上应标明品种标记、年号、个体号。用打耳钳打孔时，要避开血管，预计打孔的地方要用碘酒充分消毒。耳标上第一个数字应该是品种号，如波尔山羊，取“B”作为品种标记。第二个数字是年号，如2005年，取05或5。最后是个体号，公羊用单数，母羊用双数，每年都从1号、2号开始，不要逐年累积。

（2）等级标记。用刻耳钳在耳上打缺口的方法表示等级。耳尖打一个缺口代表特级，耳下缘打一个缺口代表一级，耳下缘打两个缺口代表二级，耳上缘打一个缺口代表三级，耳上下缘各打一个缺口代表四级。纯种细毛羊和半细毛羊的等级标记打在右耳，杂种羊打在左耳。

3. 剪毛

(1) 时期和次数。细毛羊、半细毛羊和杂种羊的剪毛以每年剪一次为正常，第二次剪下的毛利用价值比第一次剪的低。剪毛时间由于各地气候不同而异。以西北地区为例，陕西约5月中旬剪毛，新疆伊犁地区约5月底剪毛，甘肃河西及青海西部约6月中旬剪毛，甘南和青海南部约7月中旬剪毛。

(2) 羊群的准备。按照剪毛计划及时调整羊群，以保证剪毛工作的顺利进行。

剪毛应从低价值羊开始。同一品种，应按羯羊、试情羊、幼龄羊、母羊和种公羊的顺序剪毛。不同品种，应按粗毛羊、杂种羊、细毛羊或半细毛羊的顺序剪毛。这样，剪毛人员用价值较低的羊练熟剪毛技术，以保证能剪好高价值羊毛。

剪毛前12 h，停止放牧、饮水和喂料，以免粪便污染羊毛和发生伤亡事故。细毛羊在剪毛前应先把羊群赶到狭小的圈内让其拥挤，使油汗溶化，便于剪毛。

患皮肤病和体外寄生虫病的羊最后剪毛。剪完后，将房舍、用具等严格消毒。

(3) 剪毛场地及用具。大型羊场有剪毛舍（包括羊毛分级、包装部分），内设剪毛台。小型场队、户剪毛场所的布置视羊群大小和具体条件而定。露天剪毛时，场地选在高燥的地方，打扫干净，并铺上席子等用具，以免沾污羊毛。有条件时可搭棚，如有羊圈，也可在羊圈内剪毛。

除剪毛机具外，其他用具如磅秤、毛袋、羊栏、标记颜料和工具、防治药品等，都应事先准备好。

(4) 剪毛方法与顺序。首先，让羊左侧卧在剪毛台或席子上，羊背靠剪毛员，从右后肋部开始，由后向前，剪掉腹部、胸部和右侧前后肢的羊毛。再翻羊使其右侧卧下，腹部向剪毛员。剪毛员用右手提直绵羊左后腿，从左后腿内侧到外侧，再从左后腿外侧到左侧臀部、背部、肩部，直至颈部，纵向长距离剪去羊体左侧羊毛，然后使羊坐起，靠在剪毛员两腿间，从头顶向下，横向剪去右侧颈部及右肩部羊毛，再用两腿夹住羊头，使羊右侧突出，横向由上向下剪去右侧被毛。最后检查全身，剪去遗留下的羊毛。如图5—1—2至图5—1—7所示。

图5—1—2 剪腹毛

图5—1—3 剪后腿内侧毛

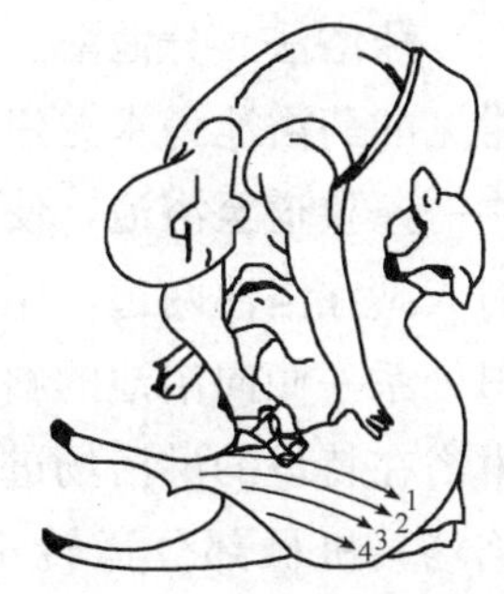

图5—1—4 剪左后腿外侧毛

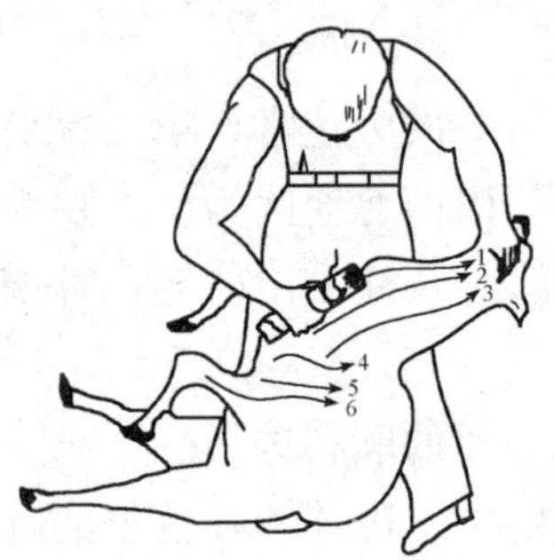

图 5—1—5　剪颈部和左前肢内外侧毛

图 5—1—6　剪背部和头部毛

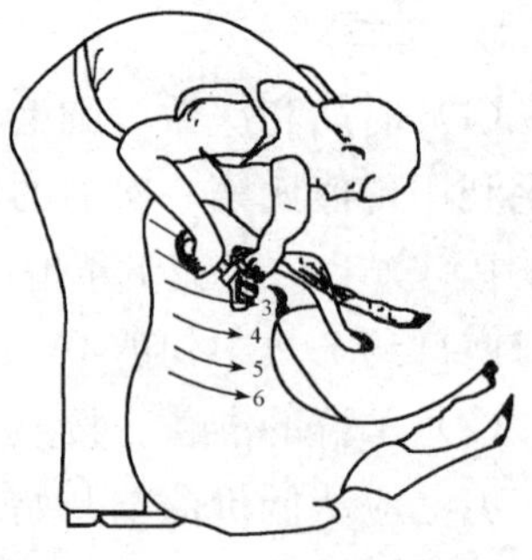

图 5—1—7　剪颈部和左前肢内外侧毛

(5) 剪毛注意事项。不管使用何种方法剪毛，都应注意以下事项：

第一，剪毛剪应均匀地贴近皮肤把羊毛一次剪下，留茬应低。若毛茬过高，也不要重剪，以免造成二刀毛，影响羊毛利用。

第二，不要让粪土草屑等混入毛被。毛被应保持完整，以利羊毛分级、分等。

第三，剪毛动作要快，时间不宜拖得太久。翻羊要轻，以免引起瘤胃臌气、肠扭转而造成不应有的损失。

第四，尽可能不要剪破皮肤，万一剪破要及时消毒、涂药或进行外科缝合，以免生蛆和溃烂。

4. 药浴

药浴是防治绵羊体外寄生虫病，特别是羊疥癣病的有效措施，可在剪毛后 10 天左右进行。

(1) 药浴液。药浴液除用双甲脒（20%双甲脒乳油 500～600 倍稀释）、敌百虫（1%水溶液）、速灭杀丁（80～200 mg/kg）、嗅氰菊酯（50～80 mg/kg）外，也可用石硫合剂，其配方是生石灰 7.5 kg 和硫黄粉末 12.5 kg，用水拌成糊状，加水 150 L，煮沸，边煮边拌，煮至浓茶色为止。弃去下面的沉渣，上清液就是母液。在母液内加入 500 L 温水即成药浴液。

(2) 药浴法。分池浴、淋浴和盆浴 3 种。

常见的药浴池为水泥建筑的沟形池。进口处为一广场，羊群药浴前集中在这里等候。由广场中一条狭道至浴池，使羊缓缓进入，浴池进口做成斜坡，羊由此滑入，慢慢通过浴池。药浴时人站在浴池两边，用压扶杆控制羊，勿使其飘浮或沉没；羊群浴后在出口处稍停留，因出口处系一倾向浴池的斜面，羊身上流下的药液可回流到池中。

淋浴在特设的淋浴场进行。淋浴的优点是容浴量大、速度快、比较安全。淋浴前先清洗好淋浴场，机械部分运转正常即可试淋。淋浴时把羊群赶入淋浴场，开动水泵喷淋，经 3 min淋透全身后关闭，将淋过的羊赶入滤液栏中，经 3～5 min 后放出。

盆浴在大盆或缸中进行，即用人工方法把羊逐只洗浴。

(3) 药浴的注意事项。主要有以下几点：

第一，药浴应选择暖和无风天气，以防羊受凉感冒。药浴后，如遇风雨，可赶羊入圈以保安全。

第二，羊群药浴前 8h 停喂停牧，药浴前 2～3h 给羊充分饮水。

第三，药浴液温度一般应保持在 30℃左右。

第四，先浴健羊，后浴病羊；防止药液腐蚀工作人员手臂。

5. 修蹄与蹄癀防治

蹄是皮肤的衍生物，不断生长，所以必须经常修蹄。长期不修蹄，不仅影响行走，而且会引起蹄病，使蹄尖上卷、蹄壁裂开、四肢变形。舍饲羊应每 2 个月修蹄 1 次。

绵羊若经常在潮湿牧地放牧和居住在泥泞的棚圈里发生腐蹄病，或因污物堵塞脂腺阻碍脂腺分泌而发炎时，均会造成跛行。为了避免蹄病发生，平时应注意绵羊栖息地的干燥和通风，勤打扫和勤垫圈，或撒草木灰于圈内或圈门口进行消毒；或让羊群在河水中洗涤。如发现蹄趾间、蹄底或蹄冠部皮肤红肿，分泌臭味的黏液或跛行时，应及时检查和治疗。病情较轻者可用 10％的硫酸铜溶液或 10％甲醛溶液洗蹄 1～2 min，或用 2％的来苏水洗净蹄部，涂以碘酒。

6. 驱虫和预防接种

为了预防寄生虫病，应在发病季节到来之前，用药物给羊群进行预防性驱虫。预防性驱虫所用的药物有多种，应视病的流行情况选择应用。丙硫咪唑（丙硫苯咪唑）具有高效、低毒、广谱的优点，对羊常见的胃肠道线虫、肺线虫、肝片吸虫和绦虫均有效，可同时驱除混合感染的多种寄生虫，是较理想的驱虫药物。体外寄生虫可选择药浴方式驱虫。

免疫接种是激发羊体产生特异性抵抗力，使其对某种传染病从易感转化为不易感的一种手段，有组织有计划地进行免疫接种，是预防和控制羊传染病的重要措施之一。目前，我国用于预防羊主要传染病的疫苗有无毒炭疽芽孢苗，布氏杆菌猪型 2 号弱毒苗，羊快疫、猝疽、肠毒血症三联苗等。

免疫接种须按合理的免疫程序进行。各地区、羊场可能发生的传染病不止一种，而可以用来预防这些传染病的疫苗性质又不尽相同，免疫期长短不一。因此，羊场往往需用多种疫苗来预防不同的病，也需要根据各种疫苗的免疫特性来合理地安排免疫接种的次数和间隔时间，这就是所谓的免疫程序。目前国际上还没有一个统一的羊免疫程序，只能在实践中总结经验，制定出合乎本地区、羊场具体情况的免疫程序。

7. 断尾和去势

(1) 断尾。断尾是人们通过实施手术将羊的尾巴截断。断尾主要针对长瘦尾型的绵羊品种，如纯种细毛羊、半细毛羊及其杂种羊。因为尾瘦长无实用价值且易被粪便污染、污染羊毛和妨碍配种故实施断尾。断尾的目的是保持羊体清洁卫生，保护羊毛品质和便于配种。断尾的时间最好在出生后 2～3 周龄时进行。断尾时应选择晴天的早晨，一般常用断尾铲进行断尾。断尾处大约离尾根 4 cm，在第三尾椎至第四尾椎之间，但母羔以盖住外阴部为宜。

断尾铲烧至暗红程度，断尾时速度不宜太快，应边烙边切，以避免流血。断尾后可用浓度为2%～3%的碘酒涂抹伤口进行消毒。

（2）去势。去势是摘除家畜主要生殖器官的外科手术。兽医称为去势（亦称阉割）。凡不适宜做种用的公羔应进行去势。去势的羊性情温顺，便于管理，生长速度较快，肉膻味小且细嫩。去势时间也要选择在晴天的上午进行，由一人固定住羔羊的四肢，并使羔羊的腹部向外，另一人将阴囊上的毛剪掉，再在阴囊下1/3处涂上碘酒消毒，然后用消毒过的手术刀将阴囊下部切一开口，将睾丸挤出，慢慢拉断血管和精索，伤口处涂上消毒药物即可。

断尾、去势1～3天之后应进行检查，如发现有化脓、流血等情况要进行及时处理，以防进一步感染造成羊只损失。

8. 称重、保定、捉羊、导羊和倒羊

（1）称重。称重是检验饲养管理工作和衡量羊只生长发育的主要指标。羔羊出生后，未吃奶前称重为初生重，另外还应称量断奶重、配种前重、周岁重、2岁体重、成年重、产前和产后体重。称重时均应在早晨空腹时进行。育肥羊要坚持定期称重，以检查育肥效果，及时调整日粮和饲喂方法。

（2）保定。许多管理工作需要把羊保定好才能进行。如果保定不当，羊挣扎乱动易出差错。保定方法有两种。其一是把羊捉住后，用两腿夹住羊的颈部，并用双膝紧紧顶住被保定羊的肩部。其二是人站在羊的左侧，以左手夹在羊的颌下，右手把住臀部，使羊靠住保定人的腿部。

（3）捉羊。捉羊时先悄悄地走到羊的背后，或者把羊群轰赶到一个角落，趁羊不备和羊群密集拥挤时迅速伸手抓住羊的两腋窝的皮或两后腿飞节上部。抱羊是将羊捉住后，人站立在羊的右侧，右手由两前腿之间托住羊羔的胸部，左手抓住左侧后腿飞节，将羊抱起，再用胳膊由后外侧把羊抱紧。这样羊紧贴人体，抱起来既省力，羊又不乱动。

（4）导羊和倒羊。导羊就是使羊前进。一种方法是导羊人站在羊的左侧，用左手托住羊的颈下部，用右手轻轻骚动羊的尾根，羊即前进。另一方法是导羊人站在羊左侧，右手抓住羊的右后肢，并高抬，使羊后躯不着地并用力向前推，左手夹住颈上部掌握方向。这样羊无力反抗就自动前进。绝不能扳住羊角或羊头向前硬拉。

倒羊是站在羊的左侧，左手由颈下伸入右边，挟住颈上部，右手由腹下伸入握住对侧右后肢下部，用力向前里侧拉，同时左手高擎羊颈向后侧压，羊即自动坐下而卧倒。倒羊时无论采取什么方法，都要以保证羊的安全为原则。

四、羊群的越冬安全

牧区多属大陆性气候，冬寒常达半年之久；枯草季节很长，绵羊常因采食不足而使营养状况下降；若再遇干旱，牧草萌生晚或生长状况差时，绵羊体重下降会更加严重；如再有疾病传播，易使羊大量死亡。近年来，广大农牧民在科技部门的指导下，总结了克服羊群春乏死亡的经验，在增殖畜群、发展畜牧业上取得了显著的成绩。保证羊群安全越冬主要有以下措施：

1. 储备饲料

冬季大风雪天气，羊群无法出牧，如无草料补饲，会严重影响绵羊健康并使其生产性能降低。储草备冬要在夏秋季进行，选择草好的地段收割青草并晒制成干草；有条件的地区，推广牧草种植。干草和少量精料的储备是羊群安全越冬的保障。

2. 及时补饲

牧场不足或牧草不好的地方，每年 11 月羊群就逐渐发生采食不足的情况。大约从 12 月起羊开始掉膘，对乏弱羊的补饲可从此时开始。若补饲过迟，发现有的羊已不能随群放牧时再补，往往起不到补饲的作用。

3. 抓好夏秋膘

抓好夏秋膘也是避免绵羊春乏和保证羊群安全越冬的关键。充分利用夏秋季良好的气候和牧草条件加强放牧，尽可能延长放牧时间，使羊营养状况良好，入冬后掉膘慢，可以增强抵抗春乏的能力。

4. 调整羊群和合理淘汰

每年入冬之前，应根据羊的年龄，尤其是营养状况调整羊群，让营养状况相近的羊组成一群放牧，其好处有两点：一是能充分利用牧场，弱群在近处放牧，强群利用较远的牧地；二是便于照顾乏弱羊群，及时合理地补饲。

每年秋季要检查一次羊群，凡久病不愈、体小瘦弱、长期空怀、年老体衰难以越冬以及生产性能低的个体，应趁秋肥及时淘汰处理。

5. 防害防病

必要的棚圈设备是帮助羊群抵御风寒、减少绵羊体力消耗和安全越冬的保证条件。特别是杂种羊和育成品种羊，抵抗恶劣气候的能力差，防害棚舍尤为需要。冬季羊体乏弱，抗病力降低，遇传染病传播或寄生虫感染，易造成大批死亡。因此，秋季应适时进行驱虫，让羊群在越冬期间无寄生虫病发生。

第二节　肉羊的饲养管理

一、肉羊的特点

1. 体型和外貌特征

肉羊的体型外貌评定是以品种和肉用类型特征为主要依据进行的。就肉用型绵羊、山羊来说，其外形结构和体躯部位应具备以下特征：

（1）整体结构。体格大小和体重达到品种的月（年）龄标准，躯体粗圆，长宽比例协调，各部结合良好；臀、后腿和尾部丰满，其他产肉部位肌肉分布广而多；骨骼较细，皮薄而富有弹性，被毛着生良好且富有光泽；具有本品种的典型特征。

（2）头、颈部。按品种要求，口方、眼大而明亮，头型较大，额宽丰满，耳纤细、灵活。颈部较粗，颈肩结合良好。

（3）前躯。肩丰满、紧凑、厚实，前胸宽而丰满。前肢直立结实，腿短且间距宽，管部细致。

（4）中躯。正胸宽、深，胸围大。背腰宽而平，长度适中，肌肉丰满。肋骨开张良好，长而紧密。腹底成直线，腰腹结合良好。

（5）后躯。臀部长、平、宽而开展，大腿肌肉丰满，后裆开阔，小腿肥厚。后肢短、直而细致，肢势端正。

2. 早熟性

家畜在长期的系统发育过程中，在生态环境和遗传特性的影响下，形成了早熟性，而这种特性并非所有家畜都具备。早熟性对于肉用家畜（肉牛或肉羊）来说是一个重要的生理要素。早熟表现在生长早熟（即体格和体重的早熟）和发育早熟（性早熟）。

（1）生长早熟。生长早熟即家畜生长较快，在幼年时期体重的增长就达到成年羊体重的70%～75%或以上，如小尾寒羊公羔在饲养条件较好的条件下，周岁时体重达成年公羊的80%，母羔周岁时体重达成年母羊的94%，又如湖羊周岁公羊体重达成年公羊的71%，周岁母羊体重达成年母羊的72%。乌珠穆沁羊周岁公羊体重达成年公羊的72%，周岁母羊体重达成年母羊的80%。山羊中的南江黄羊，周岁公羊体重达成年公羊体重的56%，而周岁母羊体重达成年母羊的73%，母羊比公羊发育快。

（2）性早熟。性早熟就是说达到配种体重的年龄早，如德国肉用美利奴羊要到12月龄才能发情配种。我国有些地方品种绵羊、山羊性成熟较早，如乌珠穆沁羊5～7月龄就能发情配种受胎，小尾寒羊、湖羊同样在出生后5～7月龄就已达到性成熟。山羊品种中的黄淮山羊、马头山羊在出生后4～6月龄就能发情配种，甚至有的母羊在周岁内就能产羔。国外的肉羊品种大多数具有这种特性，性成熟早，四季发情。因此可有效利用绵羊、山羊早期生长快的特点进行育肥生产羔羊肉，也可利用该特点进行一年两产或两年三产，加速羊的增殖率。

3. 体重大、生长速度快、胴体品质好

继英国早期育成的肉用绵羊品种中的长毛种以林肯羊、莱斯特羊、边区莱斯特羊、科兹沃特羊、罗姆尼羊为代表和短毛品种中的南丘羊、萨福克羊、汉普夏羊、切维特羊、有角多赛特羊等之后，欧洲和大洋洲的一些国家先后引用这些品种羊同当地羊杂交，育成了若干个肉羊品种。肉羊品种共同的特点是生长快、体重大、肉的品质好，大多数品种繁殖率高。

（1）生长快、体重大。国外培育的肉用绵羊品种，羔羊大多具有在3～6月龄时期生长速度快的特点。在正常的饲养条件下，一般日增重在250～300 g；1.5岁以后，公羊体重在

100～110 kg，母羊体重在 60～70 kg。出肉率高，屠宰率一般在 50％以上。

(2) 胴体品质好。羊的肌肉无论是羔羊肉或大羊肉，其肌肉细嫩坚实，脂肪不多并均匀分布在肌纤维间，尤以羔羊的肉汁多，无膻味。从外部形态来看，肉羊的躯体粗广，背腰宽平，背部肌肉厚实，臀部肌肉丰满，胴体倒挂起来，后腿之间呈 U 字形。从 12 肋骨处横截断，可见到棘突两边的两条面积大的眼肌，体表覆盖的脂肪不厚。

4. 繁殖率高

高繁殖率是发展肉羊业的一个重要的经济性状，也是肉羊的重要特性。高繁殖率不仅要具有一年两产或两年三产的能力，还要一胎产仔在两羔以上。肉用品种的母羊一般具有四季发情，多胎多产，泌乳能力高的特点。如果肉羊的繁殖性差，如一年一胎和一年一羔，显然不能适应和满足生产者的要求，而且经济效益也不高。

国外对肉羊亲本繁殖率的选择极为重视。利用高繁殖率品种同低繁殖率品种杂交，兼用不同品种的优良特性。如英国育成的达姆兰肉用羊是用四个品种杂交方法育成的，主要特点是高繁殖率，如三产羊的产羔率在 255％以上。

5. 生物学经济效益高

高生物学经济效益也是肉羊品种的重要经济性状，这同高繁殖率性状是相互关联的。在正常的饲养管理条件下，一只产羔母羊每年生产（羔羊）胴体重是低繁殖率母羊的 1.5～2.5 倍。

了解肉羊的体型特征和生物学特点之后，根据这些特点进行选择，有助于加速产肉性能的提高和增加经济效益。

二、肉羊的饲养管理

1. 种公羊的饲养管理

肉用种公羊的饲养应维持中上等膘情，以便使其常年健壮、活泼、精力充沛、性欲旺盛。配种季节前后，应保持较好膘情，配种能力强，精液品质好，以充分发挥种公羊的作用。

种公羊的饲料要求营养价值高，有足量优质的蛋白质、维生素 A、维生素 D 及无机盐，且易消化，适口性好。理想的饲料包括：鲜干草类的苜蓿草、三叶草和青燕麦草等，精料的燕麦、大麦、豌豆、黑豆、玉米、高粱、豆饼、麦麸等，多汁饲料的胡萝卜、甜菜和玉米青贮等。

种公羊的饲养可分为配种期饲养和非配种期饲养。配种期饲养又可分为配种预备期（配种前 1.0～1.5 个月）和配种期（1.0～1.5 个月）饲养。配种预备期应增加精料量，按配种期喂饲量的 60％～70％补给，逐渐增加到配种期精料的喂给量。配种期的日粮大致为：精料 1 kg，苜蓿干草或野干草 2.1～2.8 kg，胡萝卜 0.5～1.5 kg，食盐 15～20 g，骨粉 5～10 g，全部粗料和精料可分 2～3 次喂给。精料的喂量应根据种羊的体重、精液品质和体况酌情增减。非配种期内应补给精料 500 g，干草 3 kg，胡萝卜 5 kg，食盐 5～10 g。夏秋季以放牧为主，可少量补给精料。种公羊的饲养标准见表 5—2—1。

表 5—2—1　　种公羊的饲养标准

饲养期	体重（kg）	风干饲料（kg）	消化能（MJ）	可消化蛋白质（g）	钙（g）	磷（g）	食盐（g）	胡萝卜素（mg）
非配种期	70	1.8～2.1	16.7～20.5	110～140	5～6	2.5～3	10～15	15～20
	80	1.9～2.2	18.9～21.8	120～150	6～7	3～4	10～15	15～20
	90	2～2.4	19.2～23	130～160	7～8	4～5	10～15	15～20
	100	2.1～2.5	20.5～25.1	140～170	8～9	5～6	10～15	15～20
配种期①	70	2.2～2.6	23.0～27.2	190～240	9～10	7～7.5	15～20	20～30
	80	2.3～2.7	24.3～29.3	200～250	9～11	7.5～8	15～20	20～30
	90	2.4～2.8	25.9～31	210～260	10～12	8～9	15～20	20～30
	100	2.5～3	26.8～31.8	220～270	11～13	8.5～9.5	15～20	20～30
配种期②	70	2.4～2.8	25.9～31	260～370	13～14	9～10	15～20	30～40
	80	2.6～3	28.5～33.5	280～380	14～15	10～11	15～20	30～40
	90	2.7～3.1	29.7～34.7	290～390	15～16	11～12	15～20	30～40
	100	2.8～3.2	31～36	310～400	16～17	12～13	15～20	30～40

注：配种期①为配种 2～3 次；配种期②为配种 4～5 次。

种公羊饲养以放牧和舍饲相结合为主。配种期种公羊应加强运动，以保证种公羊能产生品质优良的精液。配种后的复壮期，精料的喂给量不减，宜增加放牧时间，经过一段时间后，再适量减少精料，逐渐过渡到非配种期饲养。

种公羊舍应选择通风、干燥、向阳的地方。每只公羊约需 2 m^2 的面积。

2. 母羊的饲养管理

母羊的饲养包括空怀期、妊娠期和哺乳期 3 个阶段。空怀期羔羊已离乳，母羊停止泌乳，但为了维持正常的消化、呼吸、循环和维持体温等生命活动，必须从饲料中吸收最低量的营养物质。空怀母羊的饲养标准见表 5—2—2。

表 5—2—2　　空怀母羊的饲养标准（每羊每日）

月龄	体重（kg）	风干饲料（kg）	消化能（MJ）	可消化蛋白质（g）	钙（g）	磷（g）	食盐（g）	胡萝卜素（mg）
4～6	25～30	1.2	10.9～13.4	70～90	3.0～4.0	2.0～3.0	5～8	5～8
6～8	30～36	1.3	12.6～14.6	72～95	4.0～5.2	2.8～3.2	6～9	6～8
8～10	36～42	1.4	14.6～16.7	73～95	4.5～5.5	3.0～3.5	7～10	6～8
10～12	37～45	1.5	14.6～17.2	75～100	5.2～6.0	3.2～3.6	8～11	7～9
12～18	42～50	1.6	14.6～17.2	75～95	5.5～6.5	3.2～3.6	8～11	7～9

空怀期和哺乳后期需要的风干饲料为体重的 2.4%～2.6%。同时应抓紧放牧，使母羊很快复壮，力争满膘后配种。妊娠期为 150 天，可分为妊娠前期和妊娠后期。妊娠前期是受胎后 3 个月，胎儿发育较慢，营养需要与空怀期相同，放牧饲养可满足需要。秋季配种以后，牧草处于青草期或已结籽，营养丰富，不需要补喂饲料。若配种季节较晚，牧草已枯黄，则应补喂青干草。怀孕母羊饲养标准见表 5—2—3。

表 5—2—3　　怀孕母羊饲养标准

怀孕期	体重 (kg)	风干饲料 (kg)	消化能 (MJ)	可消化蛋白质 (g)	钙 (g)	磷 (g)	食盐 (g)	胡萝卜素 (mg)
前期	40	1.6	12.6～15.9	70～80	3.0～4.0	2.0～2.5	8～10	8～10
	50	1.8	14.2～17.6	75～80	3.2～4.5	2.5～3.0	8～10	8～10
	60	2.0	15.9～18.4	80～95	4.0～5.0	3.0～4.0	8～10	8～10
	70	2.2	16.7～19.2	85～100	4.5～5.5	3.8～4.5	8～10	8～10
后期	40	1.8	15.1～18.8	80～110	6.0～7.0	3.5～4.0	8～10	10～12
	50	2.0	18.4～21.3	90～120	7.0～8.0	4.0～4.5	8～10	10～12
	60	2.2	20～21.8	95～130	8.0～9.0	4.0～4.5	9～12	10～12
	70	2.4	100～140	100～140	8.5～9.5	4.5～5.5	9～12	10～12

妊娠后期是妊娠的最后两个月，胎儿生长迅速，增重约占初生体重的 80%，这一阶段需要全价营养。妊娠后期若正值枯草期，营养不足，母羊体重下降，影响胎儿发育，羔羊初生体重小，体温调节机能不完善，抵抗力弱，容易死亡。特别对肉用羊影响很大，关系到胎儿发育，以及羔羊出生后生长速度的提高。因此，该阶段需足量的营养物质，热代谢水平应提高到 15%～20%。磷和钙的需要应增加 40%～50%，而且钙磷比例为 2∶1 较为适当。足量的维生素 A 和维生素 D 是妊娠后期不可缺少的。

妊娠后期仍以放牧饲养为主，冬季每天放牧运动 6 h，放牧距离不少于 8 km。临产前 7～8 天不要到远处放牧，防止分娩时来不及回羊舍。放牧中要稳走、慢赶，出入门时应防止拥挤，要有足够的饲槽和草架，防止喂料喂草时拥挤造成流产。不能喂发霉变质的干草和冰冻饲料。

哺乳期为 90～120 天。哺乳期分为哺乳前期和哺乳后期。哺乳前期即羔羊出生后两个月，营养主要依靠母乳。如果母羊营养状况差，泌乳量必然减少，同时影响羔羊的生长发育。母羊自身消耗大，体质很快变弱，直接影响到羔羊增重。肉羔一般日增重 250 g，但每增重 100 g 约需母乳 500 g，而生产 500 g 羊乳则需要 3 kg 风干饲料，即 33 g 蛋白质、1.2 g 磷及 1.8 g 钙。母羊的泌乳期营养要依哺乳的羔羊数而定。产双羔的母羊每天补给精料 0.4～0.5 kg，苜蓿干草 1 kg。产单羔母羊补给精料 0.3～0.5 kg，苜蓿干草 0.5 kg。不论母羊产单羔还是双羔，均应补给多汁饲料 1.5 kg。

哺乳后期母羊泌乳量逐渐减少，羔羊已能采食粉碎的混合精料和青嫩牧草，母羊也能逐渐采食青草，可不补给干草。

3. 羔羊哺乳期和育成期的饲养管理

（1）羔羊哺乳期的饲养。母羊的初乳中含有丰富的蛋白质（17%～23%）、脂肪（9%～16%）等营养物质和抗体，具有抗病和轻泻作用。羔羊初生后及时吃到初乳，对增强体质、抵抗疾病和排出胎粪有很重要的作用。母羊的常乳中营养也很丰富，初生到1月龄的羔羊还不能大量采食草料，以哺母羊乳为主，饲喂为辅。但要早开食，训练吃草料，以促进前胃发育，增加营养来源。2月龄以后的羔羊逐渐以采食为主，哺乳为辅。羔羊能采食饲料后，要求饲料多样化，注意个体发育情况，随时进行调整，促使羔羊正常发育。1月龄后的羔羊应适当运动。随着日龄的增加，把羔羊赶到牧地上放牧还要定时补给草料。母子分开放牧有利于增重、抓膘和预防寄生虫的传播。

（2）育成羊的饲养。羔羊在3～4月龄时离乳，到第一次交配之间的阶段称为育成羊。羔羊离乳后，根据生长速度越快，需要营养物质越多的规律，应分别组成公母育成羊群。离乳后的育成羊在最初几个月营养条件良好时可不补给干草。若饲喂合理，每日可增重150 g以上，每日需要风干饲料0.7～1.0 kg，月龄再长，则根据其日增重及体重对饲料的需要适当增加。

绵羊出生后第一年生长发育最快，这期间如果饲养不良，就会影响其一生的生产性能，致使其体狭而浅，体重小，剪毛量低。因此，预期增重是育成羊发育完善程度的标志。在饲养上必须注意增重这一指标，按月固定抽测体重，借以检查全群的发育情况。称重需在早晨未饲喂或出牧前进行。

离乳编群后的育成羊正处在早期发育阶段，断乳不要同时断料，在出牧后仍应继续补料。严冬舍饲期较长，需要补充大量营养，应以补饲为主，放牧为辅。要做好饲料安排，合理补饲，喂给最好的豆科草、青干草、青贮饲料及其他农副产品。

三、肉羊育肥技术

现代羊肉生产的主流是羔羊肉，尤其是肥羔肉。随着我国肉羊产业的发展和人们生活、经济条件的改善，羔羊肉的生产将是羊的育肥重点。

1. 肉羊的育肥方式

肉羊生产多用杂交的方式，产生具有杂种优势的杂种羊，或者利用本地的粗毛羊、细毛羊或半细毛羊等进行育肥，方式有放牧育肥、舍饲育肥和混合育肥。至于采取何种方式，要根据当地牧草资源状况、羊源种类与质量、肉羊生产者的技术水平、肉羊场的基础设施等条件来确定。

（1）放牧育肥。放牧育肥是利用天然草场、人工草场或秋茬地放牧抓膘的一种育肥方式，生产成本低，应用较普遍。在安排得当时，能获得理想的效益。

1）选好放牧草场，分区合理利用。应根据羊的种类和数量，充分利用夏、秋季天然草场，选择地势平坦、牧草茂盛的放牧地。幼龄羊适于在豆科牧草较多的草场放牧育肥，成年羊适于在禾本科牧草较多的草场放牧育肥。

为了合理利用草场和保护牧草的再生能力，放牧地应按地形划分成若干小区，实行分区轮牧，每个小区放牧4～6天后移到另一个小区放牧，使羊群能经常吃到鲜嫩的牧草和枝叶，同时也可使牧草和灌木有再生的机会，有利于提高产草量和利用率。

2）加强放牧管理，提高育肥效果。放牧育肥的羊只，应按品种、年龄、性别、放牧的条件分群，保证育肥羊在牧地上采食到足够的青草。一般羔羊采食量可达4～5 kg及以上，大羊采食量可达7～8 kg及以上。放牧时，尽可能延长放牧时间，早出牧，晚归牧，必要时进行夜牧，就地休息，保证饮水，每天放牧时间应达10～12h。放牧方法上讲究一个“稳”字，少走冤枉路，多吃草，避免狂奔。这种育肥方法成本较低，效益相对较高，一般经过夏、秋季，育肥羔羊体重可增加10～20 kg。

为提高放牧育肥效果，养羊生产上应安排母羊产冬羔和早春羔，这样羔羊断奶后正值青草期，可充分利用夏、秋季的牧草资源，适时育肥和出栏。

（2）舍饲育肥。舍饲育肥是根据肉羊生长发育规律，按照羊的饲养标准和饲料营养价值，配制育肥日粮，并完全在舍内喂、饮、运动的一种育肥方式。饲料的投入相对较高，但羊的增重快，胴体大，出栏早，经济效益高，便于按照市场的需要进行规模化、工厂化的肉羊生产。适合在放牧地少的地区或饲料资源丰富的农区使用。

1）合理利用育肥饲料。舍饲育肥羊的饲料主要由青饲料、粗饲料、农副业加工副产品和各种精料组成，如干草、青草、树叶、作物秸秆和各种糠、糟、渣、油饼、作物籽实等。粗饲料需经加工调制，精料需制成混合料，按育肥标准饲喂。

一般舍饲育肥羊的混合精料可占日粮的45%～60%，随着育肥强度的加大，精料比例应逐渐升高。注意不要过食精料。

2）添加剂在肉羊生产中的应用。羊的育肥添加剂包括营养性添加剂和非营养性添加剂，其功能是补充或平衡饲料营养成分，提高饲料适口性和利用率，促进羊的生长发育，改善代谢机能，预防疾病等，正确使用饲料添加剂，可提高羊育肥的经济效益。

①尿素的利用。每千克尿素的含氮量相当于2.6～2.9 kg粗蛋白质或6～7 kg豆饼的含氮量。尿素喂羊应注意下列事项：

第一，要严格控制喂量。尿素不能替代日粮中的全部蛋白质，只是在日粮蛋白质不足时才喂，喂量可按羊体重的0.02%～0.05%计算。

第二，要合理饲喂。喂尿素应由少到多，逐渐增加到规定喂量，一般每日2～3次，喂后不能马上饮水，切忌单纯饮用或直接喂饲，必须配合易消化的精料喂饲；饲喂尿素不能空腹饲喂或时停时喂，连续饲喂效果才好；也不能和生豆类饲料混合饲喂，因生豆饼含有脲酶，可使尿素快速分解，易使羊中毒。

第三，要防止尿素中毒。若饲喂方法不当或喂量过大，易造成羊尿素中毒，可静脉注射

10%～25%葡萄糖，每次 100～200 mL 解毒。或灌服食醋 0.5～1 L 来急救。

②瘤胃素。又名莫能菌素，是链霉菌发酵产生的抗生素。其功能是控制和提高瘤胃发酵效率，从而加快增重速度和提高饲料转化率。

瘤胃素的添加量一般为每千克日粮干物质中添加 25～30 mg，要均匀地混合在饲料中，最初喂量可少些，以后逐渐增加。

③羊育肥复合饲料添加剂。这种添加剂是由微量元素调节剂、生长促进剂及对有害微生物的抑制物质组成的，按每只羊 2.5～3.3 g 混入饲料中饲喂（铁、铜、锰、锌、硒等）。

④杆菌肽锌是抑菌促生长剂，对畜禽都有促生长作用，有利于养分在肠道内的消化吸收，改善饲料利用率，提高增重量。羔羊用量每千克混合料中添加 10～20 mg（42 万～84 万单位），在饲料中混合均匀饲喂。

（3）混合育肥。混合育肥是放牧与补饲相结合的育肥方式，既能利用夏、秋牧草生长旺季，进行放牧育肥；又可利用各种农副产品及少许精料，进行补饲或后期催肥。这种方式比单纯依靠放牧育肥效果要好，适合全国各地的肉羊育肥生产条件。

放牧兼补饲的育肥可采用两种途径：一种是在整个育肥期，自始至终每天均放牧并补饲一定数量的混合精料和其他饲料。要求前期以放牧为主，舍饲为辅，少量补料；后期以舍饲为主，多量补料，适当就近放牧采食。另一种是前期安排在牧草生长旺季全天放牧，后期进入秋末冬初转入舍饲催肥，可依据饲养标准配合营养丰富的育肥日粮，强度育肥 30～40 天，出栏上市。我国肉羊生产中，常对一些老残羊和瘦弱羊，在秋末集中 1～2 个月利用粮食加工副产品或少许精料补饲催肥，费用少，经济效益高。

2. 羔羊育肥技术

（1）育肥期及育肥强度的确定。羔羊在生长期间，由于各部位的组织在生长发育阶段代谢率不同，体内主要组织的比例也有不同的变化。通常早熟肉用品种羊在生长最初 3 个月内骨骼的发育最快，此后变慢、变粗；4～6 月龄时，肌肉组织发育最快；以后几个月脂肪组织的增长加快，到 1 岁时肌肉和脂肪的增长速度几乎相等。

1）肥羔生产。按照羔羊的生长发育规律，周岁以内尤其是 4～6 月龄以前的羔羊生长速度很快，平均日增重一般可达 200～300 g。如果从羔羊 2～4 月龄开始，采用强度育肥的方法，育肥期达 50～60 天，其育肥期内的平均日增重能达到或超过原有水平，这样羔羊长到 4～6 月龄时，体重可达成年羊体重的 50%以上。羔羊出栏早，屠宰率高，胴体重大，肉质好，深受市场欢迎。

2）羔羊肉生产。对于 2～4 月龄平均日增重达不到 200 g 的羔羊，须等体重达 25 kg 以上，至少是 20 kg 以上，才能转入育肥，即进行羔羊肉生产。

这种方式需等羔羊断奶后，才能进行育肥且育肥期较长（90～120 天），一般分前、后两期育肥，前期育肥强度不宜过大，后期（羔羊体重 30 kg 以上）进行强度育肥，一般在羔羊出生后 10～12 月龄就能达到上市体重和出栏要求。

羔羊断奶后育肥是羊肉生产的主要方式，因为断奶后的羔羊除小部分选留到后备群外，大部分要进行出售处理。一般来讲，对体重小或体况差的进行适度育肥，对体重大或本况好的进行强度育肥。

(2) 羔羊育肥期的饲养管理。对进行羔羊肉生产的育肥羔羊，适合采用能量较高、保持一定蛋白质水平和矿物质含量的混合精料来进行育肥。育肥期可分预饲期（10～15天）、正式育肥期和出栏三个阶段。

育肥前应做好饲草（料）的收集储备和加工调制，圈舍场地的维修、清扫、消毒和设备的配置等工作。预饲期应完成对羊只的健康检查、防疫、驱虫、去势、称重、健胃、分群、饲料过渡等项目的执行。正式育肥期主要是按饲养标准配合育肥日粮进行投喂，定期称重，了解生长发育情况。合理安排饲喂、放牧、饮水、运动、消毒等生产环节。采用正确的饲喂方法，避免羊只拥挤和争食，尤其要防止弱羊采食不到饲料，保证充足的饮水和圈舍的清洁卫生。出栏阶段主要是根据品种和育肥强度，确定出栏体重和出栏时间，应视市场需要、价格、增重速度和饲养管理等综合因素确定。

3. 成年羊育肥技术

成年羊育肥在年龄上可划分为1～1.5岁羊和2岁以上的成年羊（多数为老龄羊），并按膘情、年龄、性别、品种、体重、外貌等进行必要的挑选，然后进行育肥。主要目的是为了短期内增加羊的膘度，使其迅速达到上市的良好育肥状态。依据生产条件，可选择使用放牧育肥、舍饲育肥、混合育肥的方式，但以混合育肥和舍饲育肥的方式较多。

(1) 育肥羊的选择。成年羊育肥应挑选好羊只，一般来讲，凡不做种用的公羊、母羊和淘汰的老弱病残羊均可用来育肥，但为了提高肥育效益，要求用来育肥的羊体型大，健康无病，最好是肉用性能突出的品种，年龄在1.5～2岁。

(2) 育肥期的饲养管理。成年羊的整个育肥期可划分为预饲期（15天）、正式育肥期（40～60天）、出栏三个阶段。

预饲期的主要任务是让羊只适应新的环境、饲料、饲养方式的转变，完成健康检查、注射疫苗、驱虫、称重、分群、灭癣、修蹄等生产环节。预饲期应以粗饲料为主，适量搭配精饲料，并逐步将精饲料的比例提高到40%，进入正式育肥期，精饲料的比例可提高到60%。补饲用混合精料的配方比例可大致为：玉米、大麦、燕麦等能量籽实类饲料占80%左右，蚕豆、豌豆、饼粕类等植物性蛋白质饲料占20%左右，食盐、矿物质和添加剂的比例可占混合精料的1%～2%。

成年羊育肥应充分利用秸秆、天然牧草、农副产品及各种下脚料，制定合理的饲料配方，必要时可使用尿素和各种饲料添加剂。舍饲育肥期间，要制定合理的饲养管理工作日程，正确补饲，先给次草次料，后给混合精料，定时定量饲喂，保证饮水，注意圈舍的清洁卫生，定期称重，随市场需要适时出栏。

第三节　奶山羊的饲养管理

一、奶山羊的饲养

1. 泌乳羊的饲养

（1）泌乳初期。母羊产后20天内为泌乳初期，也称恢复期。母羊产后，体力消耗很大，体质较弱，腹部空虚但消化机能较差；生殖器官尚未复原，乳腺及血液循环系统机能不很正常，部分羊乳房、四肢和腹下水肿还未消失，此时，应以恢复体力为主。饲养上，产后5～6天内，给以易消化的优质幼嫩干草，饮用温盐水、小米或麸皮汤，并给以少量的精料。6天以后逐渐增加青贮饲料或多汁饲料，14天以后精料增加到正常的喂量。

精料量的增加，应根据母羊的体况、食欲、乳房膨胀情况、产奶量逐渐增加，防止突然过量导致腹泻和胃肠功能紊乱。产后应严禁母羊吞食胎衣，否则轻者影响奶量，重者会伤及终生的消化能力。日粮中粗蛋白质含量以12%～14%为宜，具体含量要根据粗饲料中粗蛋白质的含量灵活运用。粗纤维的含量以16%～18%为宜，干物质采食量按体重的3%～4%供给。

（2）泌乳高峰期。产后20～120天为泌乳高峰期，其中又以产后40～70天产奶量最高。此期产奶量约占全泌乳期产奶量的一半，其产奶量与本胎次奶量密切相关，此时，要想尽一切办法提高产奶量。泌乳高峰期的母羊，尤其是高产母羊，营养上入不敷出，体重明显下降，因此饲养要特别细心，营养要完全，并给以催奶饲料。即在母羊产羔20天后，逐渐进入泌乳高峰期时，在原来饲料标准的基础上，提前增加一些预支饲料。

从产后20天开始，在原来精料量（0.5～0.75 kg）的基础上，每天增加50～80 g精料，只要产奶量不断上升，就继续增加，当增加到产每千克奶给0.35～0.40 kg精料，产奶量不再上升时，就要停止加料，并维持该料量5～7天，然后按泌乳羊饲养标准供给。此时要前边看食欲（是否旺盛），中间看产奶量（是否继续上升），后边看粪便（是否拉软粪），要时刻保持羊只旺盛的食欲，并防止消化不良。

高产母羊的泌乳高峰期出现较早，而采食高峰出现较晚，为了防止泌乳高峰期营养亏损，饲养上要做到产前（干奶期）丰富饲养，产后大胆饲喂，精心护理。饲料的适口性要好，营养高，种类多，易消化。要增加饲喂次数，定时定量，少给勤添。增加多汁饲料和豆浆，保证充足的饮水，自由采食优质干草和食盐。

（3）泌乳稳定期。母羊产后120～210天为泌乳稳定期，此期产奶量虽已逐渐下降，但下降较慢。这一阶段正处在6—8月，北方天气干燥炎热，南方阴雨湿热，尽管饲料较好，但不良的气候对产奶量有一定影响。在饲养上要尽量避免饲料、饲养方法及工作日程的改变，多给一些青绿多汁饲料，保证清洁的饮水，尽可能地使高产奶量稳定保持一个较长时期。母羊每产 1 kg 奶需饮水 2～3 kg，日需水量 6～8 kg。

(4) 泌乳后期。产后 210 天至干奶（9—11 月）为泌乳后期，由于气候、饲料的影响，尤其是发情与怀孕的影响，产奶量显著下降，饲养上要想办法使产奶量下降得慢一些。在泌乳高峰期，精料量的增加是在产奶量上升之前，而此期精料的减少是在产奶量下降之后，以减缓产奶量下降速度。

(5) 干奶期。母羊经过 10 个月的泌乳和 5 个月的怀孕期，营养消耗很大，为了使其有一个恢复和补充的机会，应停止产奶。停止产奶的这段时间称为干奶期。母羊在干奶期中应得到充足的蛋白质、矿物质及维生素，并使乳腺机能得到休整。怀孕后期的体重如果能比产奶高峰期增加 20%～30%，胎儿的发育和高产奶量就有保证。但应注意不要喂得过肥，否则容易造成难产，并易患代谢疾病。

干奶期的母羊，体内胎儿生长很快，母羊增重的 50%是在干奶期增加的，此时虽不产奶，但还需储存一定的营养，要求饲料水分少，干物质含量高。营养物质喂给量可按妊娠母羊饲养标准供给。一般的方法是，在干奶的前 40 天，50 kg 体重的羊，每天给 1 kg 优良豆科干草，2 kg 青贮玉米，0.5 kg 混合精料；产前 20 天要增加精料喂量，适当减少粗饲料喂给量，一般 60 kg 体重的母羊给混合精料 0.6～0.8 kg。

干奶期不能喂发霉变质的饲料和冰冻的青贮饲料，不能喂酒糟、发芽的马铃薯和大量的棉籽饼、菜籽饼等，要注意钙、磷和维生素的供给，可让羊自由舔食骨粉、食盐，每天补饲一些野青草、胡萝卜、南瓜之类的富含维生素的饲料。冬季的饮水温度应不低于 8℃。

2. 种公羊的饲养

饲养种公羊的目的在于生产品质优良的精液。在精子的干物质中，约有一半是蛋白质。羊的精子中有 18 种氨基酸，其中以谷氨酸最多，其次是缬氨酸和天门冬氨酸等。精液的成分中，除蛋白质之外，还有无机盐（钠、钾、钙、镁、磷等）、果糖、酶、核酸、磷脂和维生素（B1、B2、C 等）。因此，饲养上在保证蛋白质需要的前提下，还应注意能量、矿物质和维生素的供给。

种公羊的饲养管理分为配种期和非配种期两个阶段。在配种期（8—12 月），公羊的神经处于兴奋状态，经常心神不安，采食不好，加之配种任务繁重，其营养和体力消耗很大，在饲养管理上要特别细心，日粮应营养完全、适口性好、品质好、易消化。粗饲料应以优质豆科干草、青苜蓿、人工牧草和野青草为主，冬季补饲含维生素丰富的青贮饲料、胡萝卜或大麦芽等。精料中玉米比例不可过高，保证有充足的富含蛋白质的豆饼类饲料，特别是在配种季节，其含量应占混合精料的 15%～20%。体重 75 kg 的公羊，配种季节每天饲喂混合精料 0.5～1.0 kg，非配种季节每天饲喂混合精料 0.6～0.75 kg。可消化粗蛋白质以 14%～15%为宜，粗纤维以 15%为宜。

为了完成配种任务，在非配种期（1—7 月）就应加强饲养。每年春季，公羊性欲减退，食欲逐渐旺盛，此时是加强饲养的最好时期，应使公羊恢复良好的体况和精神状态，在有条件的地方可适当放牧。入伏以后，气候炎热，羊的食欲较差，如果此时营养状况和体力尚未恢复，营养不良和体质消瘦会严重影响性欲和精液品质，很难承担繁重的配种任务。但过度饲养、体态臃肿也会影响性欲和精液品质。一般在配种季节前 1～2 个月就应加强饲养管理。

3. 羔羊的培育

羔羊和青年羊的培育，不仅可以塑造奶山羊的体质、体型，而且直接影响其主要器官（胃、心、肺、乳房等）的发育和机能，最终影响其生产力。加强羔羊的培育，对提高羔羊成活率和羊群品质，加快育种进展有极其重要的作用，因此，必须高度重视。

羔羊的培育分为胚胎期和哺乳期。

（1）胚胎期的培育。胎儿在母体内生活的时间是 150 天左右，主要通过母体获得营养。在饲养管理方面，应根据胎儿的发育特点加强怀孕母羊的饲养。

羔羊在胚胎期的前三个月发育较慢，其重量仅为出生重的 20%～30%。这一时期主要发育脑、心、肺、肝、胃等主要器官，要求营养物质完全。因母羊处于产奶后期，母子之间争夺营养物质的矛盾并不突出，母羊的日粮只要能够满足产奶的需要，胎儿的发育就能得到保证。怀孕期后两个月，胎儿发育很快，70%～80%的重量是在这一阶段增长的，此期胎儿的骨骼、肌肉、皮肤及血液的生长与日俱增，因此，应供给母羊充足数量的能量、蛋白质、矿物质与维生素，饲料日粮以优质豆科干草、青贮饲料和青草为主，适当补充部分精料。母羊每日应坚持运动，可防止难产和水肿，常晒太阳可增加维生素 D。高产母羊泌乳营养支出多，产第一胎的母羊本身还要生长，营养需要量大，故整个怀孕期比一般羊要供给更多的营养物质。

（2）哺乳期的培育。哺乳期是指从出生到断奶，一般为 2～3 个月，羔羊的断奶重较出生重可增长 7～8 倍，是羊一生中生长发育最快的时期。此时期羔羊的特点是神经反应迟钝，适应性差，抗病力弱；消化机能发育不完全，仅皱（真）胃发达，瘤胃很小。其摄取营养方式，从胚胎期的血液营养到出生后的奶汁营养，再到以草料为主，变化很大。不同的日粮类型、营养水平、管理方法，对羔羊的生长发育、体质类型影响很大，因此，必须高度重视羔羊的培育工作。

哺乳期羔羊的培育分为初乳期（出生到 6 天）、常乳期（7～60 天）和由奶到草料的过渡期（61～90 天）。

1）初乳期。从羔羊出生到第六天为初乳期。母羊产后 6 天以内的乳称为初乳，是羔羊出生后唯一的全价天然食品，对羔羊的生长发育有极其重要的作用，因此，应让羔羊尽量早吃、多吃初乳，才能确保增重快，体质强，发病少，成活率高。初乳期最好让羔羊随着母羊自然哺乳，6 天以后再改为人工哺乳。如果需要进行人工哺乳，从生后 20～30 min 开始，每日 4～5 次，喂量从 0.6～1.0 kg，逐渐增加，初乳期平均日增重以 150～220 g 为宜。

为了防止关节炎—脑炎病的传染，羔羊出生后必须进行人工哺乳，其喂给初乳的温度以 34～40℃为宜，而加热温度以 55℃为宜，温度过高初乳会发生凝固。

2）常乳期。这一阶段，奶是羔羊的主要食物。从初生到 45 日龄，羔羊的体尺增长较快。从出生到 75 日龄，羔羊的体重增长最快。尤以 30～75 日龄综合生长最快，这与母羊的泌乳高峰期是极其吻合的。因此，在饲养方面，需保证供给充足的营养。

羔羊出生后两个月内，其生长速度与吃奶量有关，每增重 1 kg 需奶 6～8 kg。整个哺乳期需奶量达 80 kg，母羊平均日增重不低于 140 g，公羊平均日增重不低于 160 g。奶山羊羔羊哺乳方案见表 5—3—1。

表 5—3—1　奶山羊羔羊哺乳方案

日龄	昼夜增重（g）	期末增重（kg）	哺乳次数	全乳			混合精料		青干草		青草（或青贮块根）	
				一次克数（g）	昼夜克数（g）	全期（kg）	昼夜克数（g）	全期（kg）	昼夜克数（g）	全期（kg）	昼夜克数（g）	全期（kg）
1～5	产重	4.0	自由									
6～10	150	4.7	4	220	880	4.4						
11～20	150	6.2	4	250	1 000	10.0			60	0.6	50	0.5
21～30	155	7.8	4	300	1 200	12.0	30	0.3	80	0.8	80	0.8
31～40	155	9.4	4	350	1 400	14.0	60	0.6	100	1.0	100	1.0
41～50	160	11.0	4	350	1 400	14.0	90	0.9	120	1.20	150	1.5
51～60	160	12.6	3	300	900	9.0	120	1.20	150	1.50	200	2.0
61～70	155	14.1	3	300	900	9.0	150	1.50	200	2.00	250	2.5
71～80	150	15.6	2	250	500	5.0	180	1.80	240	2.40	300	3.0
81～90	140	17.0	1	200	200	2.0	220	2.20	240	2.40		
合计		102.4				79.4		8.5		11.9		11.3

人工哺乳时，首先应进行调教。哺乳工具可用奶瓶、哺乳器和碗盆等。调教时，先让羔羊饥饿半天，一手抱羊，另一手食指伸入碗中诱导羔羊吮吸，然后逐渐将手指移开，练习数次就可教会。要注意防止羔羊将奶吸入鼻内，羊一受呛就不愿再吃。奶的温度以 38～42℃为宜，温度过低，易引起拉稀；温度过高，会烫伤口腔黏膜。

喂奶时，要按羔羊的年龄、体重、强弱分群饲养，并做到定时、定量、定温、定质。饲喂的奶必须新鲜，加热时应用热水浴。

人工哺乳，从 10 日龄起增加喂量，25～50 天喂量最高，50 天后逐渐减少喂量。10 日龄后的羔羊应开始诱食饲草。可将幼嫩的优质青干草捆成小把悬吊于圈中，让羔羊自由采食。在羔羊出生 20 天后开始诱食精料。可将精料放入饲槽，并诱导羔羊舔食，反复数次就可吃料了。若有的羊不吃，可将料塞入口中，反复数次即可教会。因在羔羊出生四五十天后，将从食奶为主过渡到食草为主，为了尽量减少断奶应激反应，要想办法让羔羊早日学会吃料。

3）奶与草料过渡期。该阶段的食物从奶、草并重过渡到草料为主，要注意日粮的能量、蛋白质营养水平和全价性，日粮中可消化蛋白质以 16%～20%为佳，可消化总养分以 74%为宜。后期喂奶量不断减少，以优良干草与精料为主，全奶仅作为蛋白补充饲料。培育的羔羊应发育良好，外貌清秀，棱角明显，腹部突出，母羔已显出雌性形象。

在冬季应饮清洁温水，天气暖和时可饮新鲜自来水。为了防止白肌病的发生，对出生后5～6日龄的羔羊应注射亚硒酸钠，断奶的羔羊在转群或出售前要全部驱虫，以利生长发育和避免对新环境的污染。

4. 青年羊的培育

从断奶到配种前的羊称为青年羊。这一阶段是骨骼和器官充分发育的时期，饲喂优质青干草和充足的运动，是培养青年羊的关键。青干草有利于消化器官的发育。培育成的羊，骨架大，肌肉薄，腹大而深，采食量大，消化力强，乳用型明显。丰富的营养，充足的运动，可使青年羊胸部宽广，心肺发达，体质强壮。如果营养跟不上，便会影响生长发育，形成腿高、腿细、胸窄、胸浅、后躯短的体型，并严重影响体质、采食量和终生泌乳能力。半放牧半舍饲是培育青年羊最理想的饲养方式，在有放牧条件的地区，最好进行放牧和补饲。断奶后至8月龄，每日在吃足优质干草的基础上，补饲混合精料250～300 g，其中可消化粗蛋白质的含量不应低于15％。18月龄配种的母羊满1岁后，每日给精料400～500 g，如果草的质量好，可适当减少精料喂量。

青年公羊的生长速度比青年母羊快，应多喂一些精料。运动对青年公羊更为重要，不仅有利于生长发育，而且可以防止形成草腹和恶癖。

青年羊可在10月龄、体重35 kg以上配种。

二、奶山羊的管理

1. 种公羊的管理

管理好种公羊的目的在于使其具有良好的体况、健康的体质、旺盛的性欲和良好的精液品质，以便更好地完成配种任务，发挥其使用价值。

种公羊的管理要点包括温和待羊，恩威并施，驯治为主，经常运动，每日刷拭，及时修蹄，不忘防疫，定期称重，合理利用。

奶山羊属季节性繁殖家畜，配种季节性欲旺盛，神经兴奋，不思饮食，因此，配种季节的管理要特别精心。配种期的公羊应远离母羊舍，最好单独饲养，以减少发情母羊与公羊之间的干扰，特别是当年的公羊与成年公羊要分开饲养，以免互相爬跨，影响休息和发育。

奶山羊公羊性反射强而快，所以必须定期采精或交配，如长期不配种，会出现自淫、性情暴躁、顶人等恶癖。对小公羊，三月龄时要进行生殖器官的检查，对小睾丸、附睾不明显者应予以淘汰。6～7月龄时要进行精液品质检查，对无精、死精的个体要予以淘汰。

2. 产奶母羊的管理

（1）挤奶的方法。奶的分泌是一个连续过程，良好的挤奶习惯会提高乳的产量和质量，降低乳房炎的发病率，延长奶山羊的利用年限。挤奶方法分为手工挤奶和机器挤奶两种。

1）手工挤奶。手工挤奶方法有拳握式（压榨法，见图5—3—1）和滑挤式（滑榨法），以双手拳握式为佳。操作时，先用拇指和食指握紧乳头基部，以防乳汁倒流，然后其他手指依次向手心紧握，压榨乳头，把乳挤出。滑挤式适用于乳头短小者，操作时，用拇指和食指指尖捏住乳头，由上向下滑动，将乳汁捋出。挤奶时两手同时握住两乳头，一挤一松，交替进行。动作要轻巧、敏捷、准确、用力均匀，使羊感到轻松。每天挤奶2～3次为宜，挤奶速度以每分钟80～120次为宜。

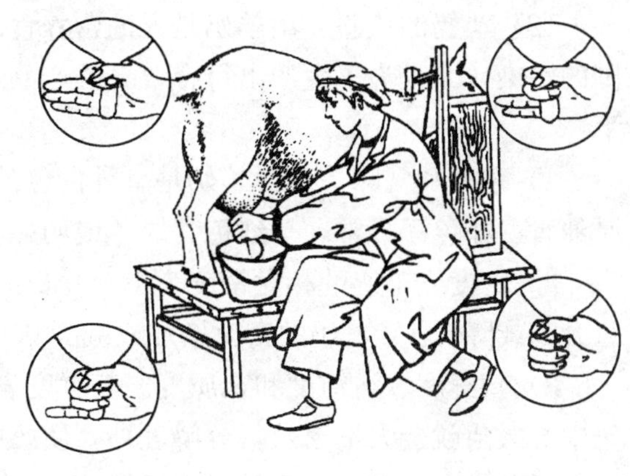

图5—3—1 手工挤奶方法

产后第一次挤奶要洗净母羊后躯的血痂、污垢，剪去乳房上的长毛。挤奶时要用45～50℃的温热毛巾擦洗乳房，随后进行按摩并开始挤奶。当首次挤完后，应再次按摩乳房，并挤净余奶。挤奶过程是个条件反射，奶的排出受神经与激素调节，因而挤奶时间、挤奶场所和人员不能经常变动，每次挤奶应在5 min内完成。

手工挤奶时应注意如下事项：第一，挤奶前必须把羊床、羊体和挤奶室打扫干净。挤奶和盛奶容器必须严格清洗消毒。第二，挤奶员应健康无病，勤剪指甲，洗净双手，工作服和挤奶用具必须经常保持干净。挤奶桶最好是带盖的小桶。第三，乳房接受刺激后的45 s左右，脑垂体即分泌催产素，该激素的作用仅能持续5～6 min，所以，擦洗乳房后应立即挤奶，不得拖延。第四，每次挤奶时，应将最先挤出的一把奶弃去，以减少细菌含量，保证鲜奶质量。第五，挤奶室要保持安静，严禁打骂羊只。第六，严格执行挤奶时间与挤奶程序，以形成良好的条件反射。第七，患乳房炎或有病的羊最后挤奶，其乳汁不可食用，擦洗乳房的毛巾与健康羊不可混用。第八，挤完奶后应及时过秤，准确记录，用纱布过滤后速交收奶站。

2）机器挤奶。在大型奶山羊场，为了节省劳力，提高工作效率，主要采用机器挤奶。机器挤奶是促进奶山羊生产向规模化、产业化方向发展的一个重要方面。

机器挤奶的要求如下：第一，有宽敞、清洁、干燥的羊舍和铺有干净草的羊床，以保护乳房而获得优质的羊奶；第二，有专门的挤奶间（内设挤奶台、真空系统和挤奶器等）、储奶间（内装冷却罐）和清洁无菌的挤奶用具；第三，要按照适当的挤奶程序进行，定时挤奶（羊只进入清洁而宁静的挤奶台）——冲洗并擦干乳房——乳汁检查——戴好挤奶杯并开始挤奶（擦洗后1 min之内）——按摩乳房并在集乳器上施加压力——乳房萎缩，奶流停止时轻巧而迅速地取掉集乳杯——用消毒液（碘氟或洗必泰）浸泡乳头——放出挤奶的羊只——清洗用具和挤奶间；第四，无论是提桶式还是管道式挤奶器，其脉动频率皆为60～80次/min，节拍比为60∶40，挤压节拍占时较少，真空管道压力为（280～380）×133.3 Pa；第五，经常保持挤乳系统的卫生，定期进行挤乳系统的检查与维修。

（2）羊奶的检验。山羊奶是人的营养食品之一。鲜奶检验的目的：一是为了防止更大范围的污染，二是为了生产出符合要求的产品，三是实行按质论价的依据。检验的主要指标如下：

1）色泽和气味。新鲜羊奶是呈乳白色的均匀胶态流体，具有羊奶固有的香味，味道浓厚油香。如色泽异常，呈红色、绿色或明显黄色，有粪尿味、霉味、臭味等，不得食用。

2）密度。羊奶的相对密度为1.030±0.003。密度受温度的影响，以20℃为标准，温度每升高或降低1℃，奶的密度增加或减少0.000 2，即0.2度。

3）新鲜度、清洁度和杂质度。新鲜度表示羊奶受污染的程度。羊奶随放置时间的延长，奶中乳酸菌就会大量繁殖，分解乳糖，使奶中酸度升高，影响奶的质量。

目前，在生产上主要借用牛奶的检验方法——酒精阳性反应法，此法对羊奶的灵敏度和特异性不强，因为酸度正常的初乳、乳房炎乳、盐平衡失调的乳同样会形成凝块，也不易区分低酸度酒精阳性乳，但检验速度快，易于操作。操作时，用60°中性酒精与等容积的羊奶均匀混合，若出现蛋白质凝固，即为酒精阳性乳，一般不能用于加工。对用此法检验有怀疑的羊奶，应进行煮沸试验，以其是否有凝块和凝块颗粒的大小来判断其新鲜度。新鲜羊奶应无沉淀、无凝块、无杂质，否则为不新鲜或不清洁乳。

羊奶杂质度的检验方法，是用吸管在奶桶底部取样，用滤纸过滤，如滤纸上有可见的杂质，则按有杂质处理，进行扣杂并降低价格。

4）卫生检查——细菌含量测定。方法一是采用美蓝还原试验，主要是检验乳的新鲜程度和细菌污染程度；方法二是平面皿法，主要是检查乳中细菌的含量。按照国家对一级鲜奶的要求，新鲜羊奶的细菌总数不得超过每立方毫米100万个，大肠杆菌不得超过每立方毫米9 000个，不得检出致病菌。

羊奶的卫生检验还必须检验汞、铅、硝酸盐等有毒物质。另外鲜奶中不得含有初乳、乳房炎乳，更不应含有防腐剂和增重剂。

5）掺杂掺假检验。奶中掺水可通过测定密度、非脂固体和冰点来检验。掺碱用溴麝香草酚蓝法检测。食盐可用试纸法和试剂法检验。而用亚甲蓝显色法可检查出奶中是否含洗衣粉。碘试剂法可以检验奶中有无淀粉。豆浆可用碘溶液法和甲醛法来检测。掺硼酸、硼砂检查的适宜方法是姜黄试纸法。而二乙酰法是检验奶中是否加入尿素的有效方法。

3. 干奶羊的管理

让羊停止产奶称为干奶。干奶方法分为自然干奶法和人工干奶法两种。产奶量低的母羊，在泌乳7个月左右配种，怀孕1～2个月后产奶量迅速下降至自动停止产奶，即自然干奶。产奶量高，营养条件好的母羊，应实行人工干奶。人工干奶法又分为逐渐干奶法和快速干奶法。逐渐干奶法是逐渐减少挤奶次数，打乱挤奶时间，停止乳房按摩，减少精料，控制多汁饲料，限制饮水，加强运动，使羊在7～14天逐渐干奶。但在生产中，一般采用快速干奶法。即在预定干奶的当天，认真按摩乳房，将乳挤净，然后擦干乳房，用2%的碘液浸泡乳头，经乳头孔注入青霉素或金霉素软膏，用火棉胶封闭乳头孔，并停止挤奶，7天之内乳房积乳逐渐被吸收，乳房收缩，干奶结束。

无论采用何种干奶方法，停止挤奶后一定要随时检查乳房，若发现乳房肿胀得厉害，触摸有痛感，就要把奶挤出，重新采取干奶措施。如果乳房发炎，必须治愈后再进行干奶。

在干奶初期，要注意圈舍、垫草和环境卫生，以减少乳房的感染。怀孕中期，最好驱除一次体内外寄生虫。怀孕后期要注意保胎，严禁拳打脚踢和惊吓羊只，出入圈舍谨防拥挤，严防滑倒和角斗。要坚持运动，对腹部过大、乳房过大而行走困难的母羊，可任其自由运动。在缺硒地区，产前 60 天，应给母羊注射 250 mg 维生素 E 和 5 mg 亚硒酸钠，预防羔羊白肌病。产前 1～2 天，让母羊进入分娩栏，并作好接产准备。

4. 刷拭

皮肤不仅是机体与外界环境联系的感受器，而且能够阻止各种病原菌进入畜体。经常刷拭能保持皮肤清洁，消灭体外寄生虫，促进血液循环，改善消化机能，提高羊的泌乳能力，增强机体的抗病力。刷拭工具可用鬃刷、草根刷、钝齿的铁梳。刷拭时，应自上而下，从前向后把羊体刷拭一遍。夏季和秋季可结合药浴把羊洗净，既有利于皮肤健康，又可预防寄生虫。

5. 去角

因为有角的羊容易引起角斗损伤，而且常给挤奶和饲养管理带来不便，甚至出现顶伤饲养管理人员的情况，因此，最好给羊去角。羔羊如果有角，其角芽部分的毛呈旋毛状，手摸时有尖而硬的突起。如果羔羊头顶没有明显的旋毛，角基突起部呈扁平的椭圆形，用手移动头皮时，角基皮肤随之滑动，则视为无角。

去角即破坏角芽成角细胞的再生长，有角的羔羊最好是在出生后 5～10 天内去角。去角时，由一人保定羔羊，另一人（术者）进行去角。术者一手握住羔羊嘴部，使羊不能摆动但可发出叫声为宜，以防羔羊窒息死亡。

去角方法主要有烙铁去角和苛性钾棒去角法。

烙铁去角法是用 300 W 的手枪式电烙铁或丁字形烙铁烧红后在角的基部画圈烧烙，直径为 2～2.5 cm，先烙掉皮肤，然后烧烙露出的骨质角突，以破坏角芽成角细胞。每次烧烙以不超过 10 s 为宜，全部完成去角需 3～5 min。此方法速度快、出血少、安全可靠、经济实用。

苛性钾棒去角法是先剪掉角基部毛，然后在角的基部涂一圈凡士林，以防药液流入眼睛，去角时用苛性钾棒在两个角芽处轮换涂擦，以破坏角芽生长点的成角细胞。若去角不彻底，会长出异形状角，甚至长出弯曲状角并伸入羊的头皮，使羊经常表现不安，遇到这种情况可用钢锯将角锯掉。

第四节　绒山羊的饲养管理

饲养管理是绒山羊生产中很重要的环节。绒山羊的产绒量、绒毛质量、产羔率、羔羊成活率等生产性能都与饲养管理有密切关系。因此，掌握科学的饲养管理方法，对于绒山羊高效益生产具有决定性意义。

一、放牧饲养管理

绒山羊是以放牧为主的草食家畜，天然牧草、灌木枝叶等都是绒山羊的主要饲料来源。绒山羊采食能力很强，四肢轻快，强健善走，喜欢游走吃草，能很好地利用低矮草地、陡坡、山峦和各种复杂的牧地。绒山羊长时期放牧，有助于骨骼和内脏器官的锻炼，增强其适应能力，节省饲料和管理费用。合理的放牧加适当的补饲，可促进绒山羊生长发育和提高生产性能。

1. 放牧羊群的组织

合理组织羊群，不但有利于放牧管理，而且能合理利用和保护植被资源，提高绒山羊的生产能力和劳动生产率。

实际生产中，通常根据母羊配种时间早晚和妊娠先后，按预产期组群，母羊分娩后根据产羔期和羔羊发育情况重新组群，直到断乳。羔羊断奶后按性别组群。就组群规模而言，一般农区每群为50～60只，半农半牧区每群为80～100只，牧区每群为150～200只，山区界于农区、半农半牧区之间，每群为60～70只。

2. 放牧的基本要求

掌握好放牧技术和方法是养好绒山羊、抓好膘和保膘的关键。放牧的基本要求如下：

（1）三勤、四稳。三勤就是腿勤、手勤、嘴勤；四稳就是出入圈稳、放牧稳、走路稳、饮水稳，其中以放牧稳最为重要。放得稳、少走路、多采食、能量消耗少，羊膘情就好。所以放牧稳是增膘的关键。

（2）学会领羊，挡羊、喊羊、折羊。领羊是人在羊群前慢走，羊群跟着人走，主要用于放牧饮水和归牧；挡羊是人在领头羊的前面来回走动，使羊群徐徐向前推进，主要用于控制羊群不乱跑；喊羊是放牧时呼以口令，使落后的羊跟上队，抢先的羊缓慢前进，主要用于牧地放牧或羊群距离过远时防止因羊强弱不同，造成采食不均，体力消耗差异过大；折羊是改变羊群前进方向，把羊群拨向既定的草地、有水源的道路上去。如放牧时不善于引导，则羊群的走动极不稳定，时而围绕成圈，时而前前后后，时而分成几段，常使羊群处于被迫逐的状态。因此，放牧员必须勤挡稳放，控制好羊群。

（3）有计划地训练、调教羊。绒山羊属活泼型牲畜，条件反射的建立比沉静型的绵羊快，反应灵敏，便于调教。调教和训练羊有利于发挥羊的合群性、游牧性，便于实现上述的放牧和饲养管理要求。有经验的放牧员会对羊群进行严格的训练，特别是要培养与调教领头羊，调教的方法主要是通过长期的条件反射来进行。

（4）建立指挥羊群的口令。通过长期的条件反射训练，要让羊群理解放牧员的固定口令。选口令时应注意语言配合固定的手势，不可随意改变，否则指挥口令发生混乱，影响条件反射的建立。

3. 放牧队形

放牧队形是在放牧过程中控制羊群的方式，因草场地形、植被状况等而异。放牧队形的运用，在于有效地控制羊群采食、游走和休息时间，以便有效地利用牧场。放牧队形采用一条鞭和满天星两种形式。

4. 放牧地点的选择

不同地区和环境、不同季节，牧草的生长情况不同，四季牧场选择也不尽一致。因此，必须按照季节和地形特点选择牧场，以利于绒山羊的放牧管理。由于季节的气候变化，往往出现羊“夏壮、秋肥、冬疲、春乏”的现象。为了减少自然界的影响，应依当地地势、气候、草场情况选好牧地，增强抗灾能力。一般平原地区按照“春洼、夏岗、秋平、冬暖”的原则进行选择，山区按照“冬放阳坡、春放背、夏放岗头、秋放地”的原则进行选择。

5. 放牧注意事项

（1）严防扎堆。夏季炎热，羊易互相挤成一团，一些羊钻到另一些羊的腹下，不食不动，影响采食抓膘，甚至使扎堆于中间的羊窒息而死。出现扎堆现象时，必须及时驱散。

（2）防狼、防蛇。防狼在山区更为重要，对于离群较远或落队的羊，要特别给予关注。蛇不仅伤羊，而且还伤人。草原上的蛇常常在开春以后出来饮水，山区的蛇在雨过天晴后，常出洞换气乘凉。可采用“打草惊蛇”的办法，即放牧员用长鞭在草地上抽打一阵，然后再放羊进去。

（3）防毒草。无论草原或山区，都有毒草混生在牧草中，毒草大多生长在潮湿的阴坡上，放牧时应多加注意。藜芦、狼毒、白头翁等都是有毒植物。

（4）饮水和喂盐。若饮水不足，羊的增膘、繁殖、生长、泌乳等都会受到影响，严重缺水会危及生命。每天最少要饮水两次，夏季要增加饮水次数。牧草枯干的冬季，更应供给充足的饮水。可利用自然河流、泉水或井水。水要保持清洁，避免饮沟塘、死坑子的水。

喂盐不仅能补充羊体内所需的钠、氯等元素，而且可增加食欲和饮水量。日粮中盐量不应少于8～15 g，其中种公羊、妊娠母羊、哺乳母羊喂盐量为15～20 g。喂盐的方法有两种：一是把粉碎的食盐混在精料中喂；二是将粒状食盐放在盐槽内，任羊自由舔食。注意喂盐后不要立即饮水。

6. 处理好林牧关系

绒山羊的采食习性随着季节变化。春季一般草先萌发、生长，树枝变青绿，此时羊采食不挑剔，一旦植被繁茂时，就开始有选择性采食；秋季植物由青变黄，羊先采食青绿部分；冬季饲草资源贫乏，绒山羊以吃树叶、秸秆、灌木枝叶为主。在冬、春饲草缺乏的季节，绒山羊喜欢啃吃树叶和嫩枝条，对树木有一定的损害。但这种对林木的损害有一定的范围、条件。处理好绒山羊放牧和林木的关系不仅不会破坏林木，反而会增加林地的肥料，减少杂草，有利于林木的生长，进而出现良性生态循环。解决放牧和林木关系可采用统一规划林牧地、建立和完善养羊护林措施及育林养羊相互协调的方法。

二、绒山羊的日常管理技术

绒山羊的日常管理技术主要包括药浴与驱虫、编号与去势及梳绒。其中，前几项与绵羊的管理技术基本相同，本节主要讲解梳绒的技术。

绒山羊被毛有两层纤维，底层紧贴羊体着生的纤维称为山羊绒，它是绒山羊的主要产品，是纺织工业的高级原料；上层长毛为粗毛。春季天暖时，绒山羊的颈、肩、胸、背、腰及股部的山羊绒有顺序地松动时，表示即将脱绒，此时应及时梳绒。一般绒山羊开始脱绒的时间为4月中旬到5月上旬（不同生态、气候地区稍有差异）。梳绒时可先剪去外层长毛再梳绒，也可先梳绒后剪长毛。梳绒方法有手工梳绒和机械梳绒两种。

1. 手工梳绒

梳绒前要准备好梳绒用的铁梳子，铁梳子分为稀梳子和密梳子两种。稀梳子由7～8根钢丝组成，钢丝间距2.0～2.5 cm，密梳子由12～14根钢丝组成，钢丝间距为0.5～1.0 cm，钢丝直径为0.3 cm，两种梳齿的顶端均呈秃圆形，以免抓伤羊的皮肤。

梳绒应在宽敞明亮的屋内进行，场地要打扫干净。开始梳绒时用稀梳子，将羊被毛中的碎草、粪便顺毛方向由前向后，由上而下轻轻梳掉。然后用密梳子逆毛而梳，按股、腰、背、胸及肩部的顺序进行。梳子要贴近皮肤，用力均匀，不可用力过猛。母羊脱绒早，应先由母羊开始梳绒，次为公羊、羯羊，最后是育成羊。对妊娠后期的母羊梳绒时，必须十分小心，临产的母羊为避免流产，应在产羔后再梳绒。梳绒的当天早晨羊应避免进食。

2. 机械梳绒

采用梳绒机进行梳绒。

思　考　题

1. 试述绵羊、山羊的放牧组织和技术要点。
2. 简述羊的补饲方法。
3. 肉羊有哪些育肥方式？
4. 简述产奶母羊的饲养管理方法。

第六章　羊生产的主要产品

学习目标：

◆了解羊毛的形态学和组织学结构以及影响羊毛产量和品质的因素

◆熟知羊毛的类型和种类，掌握羊毛的物理性质及分类、分等和分级

◆了解羊肉的营养价值和化学成分，掌握羊肉胴体品质规格

◆知道羊奶的营养价值和理化特性，掌握羊奶收集、运输和储藏过程

养羊业的主要产品有羊毛、羊肉、羊皮和羊奶。本章将分别介绍羊的主要产品的类型和特点。

第一节　羊　　毛

羊毛是养羊业的主要产品之一，也是毛纺工业的重要原料。其产量和质量直接关系到养羊业和毛纺工业的发展。尽管合成纤维以羊毛品质特征为追求目标，但在吸湿性、保暖性、柔软舒适性等方面合成纤维远不及羊毛。在纺织工业中，羊毛占动物纤维 80%以上。因此，羊毛具有不可代替性。

一、羊毛的构造

1. 形态结构及附属组织

在形态结构上，羊毛分为 3 个基本部分，即毛干、毛根和毛球。羊毛突出于表皮以外的部分称为毛干，这部分一般称为毛纤维；羊毛伸入皮肤的部分称为毛根，下端膨大成梨状部分称为毛球。毛球底部生发层细胞从毛乳头获得营养物质后便不断增殖，使毛纤维向上生长。

毛纤维周围组织结构包括毛乳头、毛鞘和毛囊。毛乳头是乳头状结缔组织，位于毛球的下方，向上凸接于毛球，毛乳头有密集的微细血管和神经末梢，随着血液进入毛乳头的营养渗入毛球，促使生发层细胞分裂增殖，形成新的毛纤维；毛鞘是几层表皮细胞形成的圆管，

包围着毛根；毛囊是毛鞘及周围的结缔组织层形成的囊状体。

2. 组织结构

羊毛纤维的细胞，按其形态特点可分为3层：鳞片层、皮质层和髓质层。

（1）鳞片层。纤维的外壳由片状角质化细胞组成，薄而透明，是表面细胞经过变形后失去细胞组织（原生质）而形成的角状薄片。鳞片在毛干外覆盖的形状可分为环状覆盖、瓦状覆盖、龟裂状覆盖。

（2）皮质层。在鳞片层里面的皮质层是羊毛的主体部分，也是决定羊毛物理化学性质的基本物质，主要决定羊毛的强度、弹性、伸长、吸湿等性质。

（3）髓质层。髓质层位于纤维中央部位，细羊毛没有髓质层。髓质层由彼此联系松弛、不规则多边形的空心细胞组成，大部充满空气，有隔热作用，冬季能减少羊只体温散发，具有防寒作用，夏季又能使羊只免受酷热。

二、羊毛纤维类型和羊毛种类

羊毛纤维类型是针对单根纤维而言的，羊毛种类则是对羊毛纤维集合体而言的。

1. 羊毛纤维类型

根据羊毛形态特征和组织结构，可把单根纤维分为有髓毛、无髓毛和两型毛。羊毛纤维类型分述如下：

（1）有髓毛。纤维由鳞片层、皮质层和髓质层组成。有髓毛可分为以下几种：

1）发毛。发毛俗称粗毛，髓质发育中等，纤维粗长，弯曲平缓而少，光泽强，横断面多为椭圆形，细度一般为40～100 μm。发毛由于比其他纤维长，而构成了粗毛绵羊和绒山羊毛被的外层毛。发毛没有季节性脱换现象，但随毛球生理状态发生异常而不定期脱换。发毛具有特别好的强度和回弹力，最适合制作地毯。

2）干毛。干毛是发毛的一种变态，其组织学构造与发毛相同，由于纤维受雨水侵袭，以及风吹日晒失去油汗，使纤维变硬易折断，毛质干枯，成为干毛。干毛工艺价值很低。

3）死毛。髓质特别发达，约占毛干的90%，皮质层很少，无光泽，骨灰色，纤维直或呈螺旋状弯曲，粗硬、脆弱易断，对染料不着色，横断面呈不规则状，如鞋底形状。此种纤维毫无纺织价值，故称为死毛。

4）刺毛。又称覆盖毛，着生于颜面和四肢下部，纤维短而粗硬，呈弓形，无纺织价值，所以剪毛时不剪下来。

（2）无髓毛。又称细毛或绒毛，没有髓质层，只有鳞片层和皮质层，横断面近似圆形，直径不超过40 μm，长度为5～12 cm。一般山羊和粗毛绵羊毛被底层是绒毛（但绵羊绒毛和山羊绒有本质不同），并在春季脱换。全身生长着无髓毛的美利奴羊因长期选育，已无季节性脱换现象。无髓毛皮质层发达，纺织价值较高，是毛纺工业优质原料。

（3）两型毛。在组织结构上介于有髓毛与无髓毛之间，它的一端有髓，另一端无髓，或者是细而间断的髓部，皮质层发达，鳞片多为环形，直径为 30～50 μm。

2. 羊毛种类

羊体上生长的羊毛，除头部和四肢下端覆盖的毛外，其余部分在剪毛时都剪下来，因剪下的毛油汗黏着，纤维间交叉而联合在一起，成为整个套毛，或分为若干片毛。根据物理特征及品质对套毛进行分类可以优质优价；同时也为工业的合理利用以及进一步分选打下基础。

羊毛分类方法有按羊毛类型分类和按羊的品种分类，按年龄、剪毛季节分类，按套毛不同部位分类，按产地和集散地分类等。以下阐述套毛或片毛按羊毛纤维类型的分类方法。

（1）细毛。由无髓毛组成，平均细度不超过 25 μm，即品质支数在 60 支以上，是毛纺工业精纺优质原料，可制作华达呢、花呢等。生产细毛的绵羊品种有美利奴羊、新疆细毛羊等。

（2）半细毛。由较粗的无髓毛和两型毛组成，其平均细度为 25.1～67.0 μm，品质支数为 32～58 支，是精梳和粗梳毛纺原料，可织造毛布、毛绒、毛毯及工业用呢，也可与粗毛混合织制成地毯。生产半细毛的绵羊品种有罗姆尼羊、边区来斯特羊、林肯羊和考力代羊等。

（3）粗毛。粗毛由无髓毛、两型毛、有髓毛混合组成。粗毛羊品种包括我国的蒙古羊、西藏羊、哈萨克羊等。这种羊的毛被底层由绒毛和两型毛组成，上层由有髓毛和两型毛构成。这种混型毛用于制作地毯，故又称地毯毛。它也要求尽量少含干死毛，而要求有较多的发毛。

以上的细毛和半细毛，其纤维在细度、长度、弯曲等形态基本一致，所以总称为同型毛或同质毛。地毯毛是由各种类型纤维组成，其形态各异，在细度、长度、弯曲上差别很大，所以又称为混型毛或异质毛。

山羊生产的都是混型毛，只在绒用山羊的毛被中用机械分离出的细绒毛称为山羊绒。安哥拉山羊毛被主要由无髓毛和两型毛组成，但仍然混有少量有髓毛。严格地说，它是混型毛被，但也有把其羔羊和青年羊被毛归为同型半细毛的。

三、羊毛物理性质

1. 羊毛细度

羊毛细度是指羊毛的粗细程度，可用羊毛纤维的截面直径来表示，以微米（μm）数计。它是确定羊毛品质和使用价值的最重要的指标。羊毛细度对纺织工艺性能起决定作用，因此羊毛越细价格越高。

羊毛细度在生产上常用品质支数表示，分为公制和英制。公制是以 1 kg 净梳毛，能纺出的 1 000 m 长毛纱支数多少来表示；英制是以 1 磅净梳毛，能纺出的 560 码（512 m）长毛纱支数多少来表示。羊毛横切面直径与品质支数的关系见表 6—1—1。

2. 羊毛弯曲

羊毛在自然状态时呈一定规则的弯曲，这是由于羊毛正副皮质细胞的排列顺序以及羊毛生长节律性所致。羊毛弯曲按其形状可分为高弯曲、正常弯曲、浅弯曲三种。有正常弯曲的羊毛，毛丛结构比较好，工艺价值高。在同型毛被中，羊毛越细，单位长度内的弯曲越多。弯曲增进了纤维缩绒性和回弹力，使成品手感丰实柔软，穿着倍感舒适。

表 6—1—1　　羊毛横切面直径与品质支数的关系

品质支数	平均直径（μm）	品质支数	平均直径（μm）
80	14.5～18.0	50	29.1～31.0
70	18.1～20.0	48	31.1～34.0
66	20.1～21.5	46	34.1～37.0
64	21.6～23.0	44	37.1～40.0
60	23.1～25.0	40	40.1～43.0
58	25.1～27.0	36	43.1～55.0
56	27.1～29.0	32	55.1～67.0

3. 羊毛长度

羊毛由于有天然弯曲，因此度量羊毛长度有两个指标：一是自然状态下毛丛长度，称为自然长度；二是把毛纤维拉直（弯曲消失）的长度，称为伸直长度。细羊毛伸直长度比自然长度增长 30%以上，半细毛伸长率略低些，为 10%～20%。

如果在其他条件相同的情况下，羊毛越长则产毛量越高，所以在羊毛业生产和育种上都重视长度的提高。在毛纺工业，羊毛长度在工艺特性的重要性上仅次于细度。羊毛较长，毛纱单位长度内纤维断头较少，强度大，条干均匀，织品表面平滑。绒线用毛对长度要求更高，因为要保持绒线松软，捻度就不能过紧，如长度不足，纤维抱合力降低，织成毛衣后穿着时容易落毛和起球。

4. 羊毛强度、伸度和弹性

羊毛抗断能力即为强度。羊毛强度有两种表示方法：一种是绝对强度，是指拉断单根纤维或 1 束纤维所需力量，直接用克（g）或千克（kg）表示。另一种是相对强度，即指将羊毛拉断时，单位横截面所需的力，以 kg/cm^2 表示。

羊毛伸度是指将已经伸直的毛纤维，再用力拉伸至断裂时的长度。伸度越大，织品越结实。

羊毛在外力作用下发生变形延伸，除去外力之后，恢复原来形状和大小的程度以及恢复的速度，称为羊毛的弹性。弹性越大，毛纺织品保持原形的能力就越强。

5. 羊毛缩绒性

羊毛有很好的伸度和弹性，又有弯曲和鳞片。当羊毛集体在湿、热、机械力作用下，发生纤维拉伸回缩、鳞片相互摩擦嵌合、纤维相互缠结或毡合、体积缩小等综合效应，称为缩绒性。纺织业利用羊毛这一特有性能，使织品绒面紧密、丰满、柔软、美观。细羊毛弯曲波幅大而密，鳞片密且游离端也较大，纤维延伸度和恢复性好，所以其缩绒性优于其他毛纤维。一般来说，绵羊毛越细，缩绒能力越强。

6. 羊毛光泽

羊毛光泽是指纤维反射光线的性能。当光线投射到纤维表面时，由于纤维鳞片形状和排列不同，产生反射光的强弱也不同。

（1）玻光。纤维表面平滑，产生的反射光强，如马海毛的光泽。

（2）银光。纤维表面因鳞片结构呈凹凸状，组成许多方向不同的小平面，入射光被漫反射到四面八方，所以光线柔和，如细毛羊的光泽。

（3）弱光。表现为暗淡无光泽。干死毛、营养不良羊毛或油汗被冲刷、鳞片受损的羊毛，都呈弱光。

7. 羊毛的吸湿性

羊毛在一定环境条件下与空气水分的交换达到动态平衡时，携带水分的能力即为羊毛的吸湿性。羊毛吸收水分的量与羊毛结构和所处环境有关。

四、羊毛的油汗和净毛率

由羊身上剪下的毛，称为原毛或污毛。原毛除含有一定的净毛外，还有身体代谢产生的脂汗、皮屑，以及外来的泥沙、杂草等物质。

1. 羊毛的油汗

皮脂腺分泌的油脂与汗腺分泌的汗的混合物称为油汗。油汗附于羊毛表面，起保护和润滑羊毛，防止擀毡的作用。同时油汗又能使纤维之间相互黏连形成闭合毛被，减少外界杂质侵入，避免毛丛内部受风蚀等不良影响。

影响油汗含量的主要因素是品种和营养水平。细羊毛油汗含量高，半细羊毛次之，粗羊毛最少。

油汗颜色影响羊毛品质及洗涤的难易程度。

2. 净毛和净毛率

将原毛弹松，用洗涤剂除去大部分污物，晾干后的毛纤维称为净毛。因羊毛品质和洗毛工艺的差别，洗后残留杂质有所不同，故国际羊毛组织规定净毛标准：绝对纯毛占86%，水分占12%，残留油脂占1.5%，灰分为0.5%，植物为零；把水分除去之后，绝对纯毛占97.73%，油脂和灰分占2.27%。

净毛率既影响净毛量，又影响加工织品的成本和质量。要洗涤污染严重的羊毛需要投入较多洗涤剂，增设工序，提高了成本。对杂质多的羊毛尽管采取了除杂措施，但残留的杂物依然较多，使织品的质量下降。一般细毛羊的净毛率比半细毛羊和粗毛羊低。

五、羊毛分等分级

羊毛分等是在羊毛分类的基础上，根据国家颁布的标准，按套毛品质进行分等。羊毛分等用于羊毛交售时，可更好地贯彻“优毛优价”政策，同时为工业“优毛优用”分级工作打基础。

我国制定了细毛和半细毛分级标准，标准不断更新，应以最新标准为生产衡量标准。现介绍《绵羊毛》GB 1523—1993 以供参考。该标准在收购国产细羊毛及其改良毛时使用。

1. 细羊毛技术要求（见表 6—1—2）

表 6—1—2　细羊毛技术要求

等级	细度（支）	长度（cm）	油汗（cm）	品质特征	品质比差
一等	60 及 60 以上	6.0～7.9	3.0 及 3.0 以上	全部为自然白色的同质细羊毛。毛丛的细度、长度和均匀弯曲正常，手感柔软，有弹性。平顶，允许部分毛丛顶部发干或有小毛嘴，无干毛、死毛	114%
二等	60 及 60 以上	4.0～5.9		具有一等品质特征，但其长度或油汗不足一等规定；长度和油汗虽达一等规定，但毛丛的细度均匀程度较差，毛丛结构松散、较开张，弯曲不够正常，弹性差的均属本等	107%

2. 改良细羊毛技术要求

（1）一等。全部为自然白色、改良形态明显的基本同质毛。毛丛主要由细绒毛和少量粗绒毛或两型毛组成。羊毛细度和长度的均匀程度，以及弯曲、油汗、外观形态均较细羊毛差。毛丛较开张，顶端有小毛嘴，允许含有微量干毛、死毛。符合上述要求和实物标准的羊毛应占套毛面积或散毛重量的 70%和 70%以上。

（2）二等。由带毛辫和不带毛辫的白色异质羊毛构成。较细的毛丛由绒毛、两型毛和少量的粗毛组成，毛丛中有交叉毛和少量干毛、死毛；较粗的毛丛由绒毛、两型毛、粗毛组成，干毛、死毛较多。外观上已具有明显的改良毛特征，但仍未脱离土种毛的形态。和土种毛相比，绒毛和两型毛比例增多，油汗增多。符合上述要求和实物标准的羊毛应占套毛面积或散毛重量的 30%以上。品质比差为 91%。

第二节　山羊绒和山羊毛

一、山羊绒

山羊绒是由山羊皮肤中的次级毛囊形成的无髓毛纤维，纤维通常在秋季生长，春季、夏季脱落。山羊绒细而柔软，光泽良好，保暖性能强，可用于制造各种轻、柔、美、软、薄、暖的针织品和纺织品，如山羊绒衫、羊绒大衣、围巾、手套、绒帽、栽绒细毛毯等。山羊绒制成的产品，表面光滑，弹性好，手感柔软滑润，是最细的绵羊毛也不能取代的动物纤维。山羊绒的价格相当于细绵羊毛的数倍，因而被称为“软黄金”。

山羊绒在国际市场上被称为开司米（cashmere），是克什米尔的谐音。在 15 世纪，印度克什米尔地区斯利那加城成为英国收购山羊绒及制品的集散地，居民利用山羊绒织成轻薄柔软、美观保暖的披肩和围巾畅销于国际市场。到 18 世纪，在克什米尔羊绒商品集散地的贸易中，山羊绒及其织品被称为开司米，其后逐渐流传至今，已成为世界山羊绒的统称。

1. 山羊绒形态特征

山羊绒的形态学和组织学与绵羊的细毛基本相似，但也有不同之处。在形态学方面，山羊绒的弯曲数少，而且不规则、不整齐，因而也就不能形成像细毛羊那样排列整齐的毛束和毛丛。在组织结构方面，山羊绒的鳞片长度和宽度基本相等，边缘较光滑，无明显翘起，覆盖间距比羊毛大，每毫米长度内有鳞片 60～70 个，纤维截面近似圆形。

山羊绒的颜色有白、紫、青、红四类，其中白绒最珍贵，仅占世界羊绒产量的 30%左右。但我国山羊绒白绒的比例较高，约占 40%，紫绒约占 55%，青绒和红绒只占 5%左右。近年来各地引入纯白绒山羊改良本地山羊逐渐增加了白绒比例。

2. 山羊绒生产概况

山羊绒的主要产区在亚洲的内陆，世界生产山羊绒的国家主要有中国、蒙古、伊朗、印度、阿富汗、俄罗斯、土耳其等国。从羊绒国际市场来看，山羊绒的产品一直处于供求趋旺的态势，羊绒深加工正处在工艺改革时期，人们回归自然的消费需求和追求轻、柔、美、软、薄、贴体、透气、保湿等服用性能越来越高，所以绒山羊的永久利用是今后相当长时间内不会改变的趋势。

我国约有 6 000 万只绒山羊，主要产区在内蒙古、新疆、西藏、陕西、青海、甘肃、宁夏、山西、山东、河南、河北、辽宁等省区。我国山羊绒平均细度为 13～17.0 μm，伸直长度为 4.0～9 cm（多数为 4.5～6.5 cm）。与世界各国生产的山羊绒相比较，中国羊绒与蒙古羊绒均为细而均匀的优质羊绒。

我国山羊绒产量和质量均占世界首位。出口的山羊绒品质优良，经过一定的加工处理，规格路分清晰，品质稳定，加工使用方便，质量优于其他国家。主要销往英、意、法、日、美等国和港、澳等地区。目前山羊绒在我国诸多畜产品中是唯一可以左右国际市场价格的优势产品。

二、山羊毛

1. 马海毛

从安哥拉山羊身上剪下的毛商业上称为马海毛，但现今世界已把马海毛作为有光山羊毛的专称。马海毛具有天然白色，光泽明亮，毛股长而整齐，成螺旋或波浪形卷曲，有髓毛与草杂含量均很少。纤维表面平滑属全光毛，强度、伸度、弹性好，洗后不像普通绵羊毛那样容易毡缩。马海毛多用于织制高档提花毛毯、长毛绒和顺毛大衣呢等服用织物。将少量白色马海毛混入黑色羊毛织成的银枪大衣呢，银光闪闪，独具风格。马海毛也可用于高级精纺呢线。

目前，马海毛的主要产地是土耳其、美国、南非、阿根廷和莱索托。其中土耳其所产的马海毛品质较好。美国既是生产国也是主要消费国。

长期以来，我国毛纺工业使用的极少量马海毛原料一直靠进口，20 世纪 80 年代，我国引进了安哥拉山羊在陕西、山西、内蒙古和甘肃等省区繁育，并与地方白绒山羊杂交生产了近 20 万只杂种羊，培育出了我国的安哥拉山羊，现在我国也开始用马海毛作为原料并开发出了提花毛毯、绒线与针织绒、羊毛衫、银枪大衣呢、板丝呢等品种。

2. 普通山羊毛

普通山羊毛是指除马海毛以外的山羊粗毛，是山羊初级毛囊生长的外层粗毛。山羊毛比绵羊毛的弯曲少，鳞片也相应减少，鳞片层紧密地贴在皮质层上，鳞片之间相互覆盖度差。我国北方及西北高原的山羊每年抓绒以后进行一次剪毛，毛长度在 6～15 cm，纤维粗而直。这种纤维在工业上也有很多用途，如制造地毯、毛毯、人造毛皮、各种粗呢料、毛笔、画笔、各类刷子及少数民族的各类日用品等。

我国是山羊毛的重要生产国，年产山羊粗毛 4 万 t 以上，70％以上供出口，约占世界贸易量的一半。近年来我国对山羊毛的加工技术不断提高，除把粗毛整理成把以外，在纺织、轻工、文化用品等方面加工的数量和质量不断提高，以山羊毛为原料的工业产品已批量进入国际市场。

第三节　羊　　肉

一、羊肉的成分及营养价值

羊肉纤维细嫩，其所含主要氨基酸的种类和数量能完全满足人体的需要，特别是羔羊肉具有瘦肉多、肌肉纤维细嫩、脂肪少、膻味轻、味美多汁、容易消化等特点，颇受消费者欢迎。

羊肉中的胆固醇含量在日常生活食用的若干种肉类中是比较低的。

二、羊肉的分级、分割

羊只宰杀后称为屠体，亦称胴体，是衡量肉羊羊肉生产水平的一项重要指标。胴体重是指肉羊宰杀后，立即去掉头、毛皮、血、内脏和蹄后，静止 3 min 的躯体重量。羊肉的分级和分割都是就胴体而言的。

绵羊、山羊的胴体大致可以分成 8 大块（见图 6—3—1），并分为三个商业等级，属于第一等的部位有肩背部和臀部，属于第二等的有颈部、胸部和腹部，属于第三等的有颈部切口、前腿和后小腿。

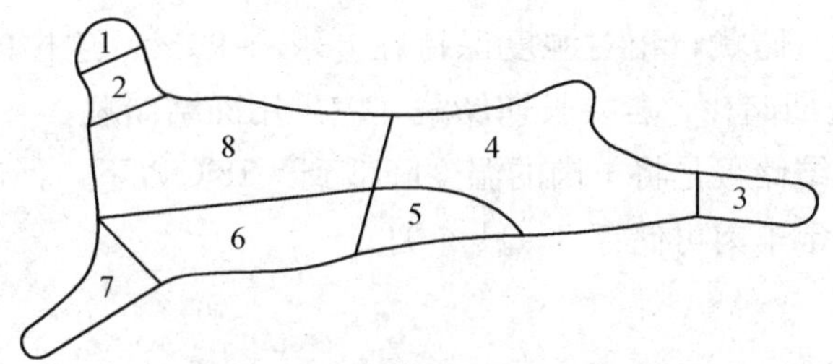

图 6—3—1　羊胴体切块示意图

1—颈部切口　2—颈部　3—后小腿　4—臀部　5—腹部
6—胸部　7—前腿　8—肩背部

将胴体从中间分切成两片，各包括前躯肉和后躯肉两部分。前躯肉与后躯肉的分切界限是在第 12 对肋骨与第 13 对肋骨之间，即在后躯上保留着一对肋骨。前躯肉包括肋肉、肩肉和胸肉，后躯肉包括后腿肉及腰肉。

后腿肉是从最后腰椎处横切。

腰肉是从第 12 对肋骨与第 13 对肋骨之间横切。

肋肉是从第 12 对肋骨处至第 5 对肋骨间横切。

肩肉是从第 4 对肋骨处起，包括肩胛部在内的整个部分。

胸肉是包括肩部及肋软骨下部和前腿肉。

腹肉是整个腹下部分的肉。

胴体上最好的肉为后腿肉和腰肉，其次为肩肉，再次为肋肉和胸肉。

三、羊肉的储藏

羊肉含丰富的营养物质。在羊只屠宰后，羊肉会发生一系列的变化，如果储藏不当，会影响羊肉的品质，降低经济效益。

1. 自然冷冻储藏

在我国北方的高寒地区，冬季气温常达－20℃左右，可采用自然冷冻储藏法。胴体冻硬后，平放成堆，在冻肉上泼水，使其冰冻，以免肉品表面变干。采用此法可保存一冬或陆续外运销售。这种方法只能用于短期冷冻储藏羊肉。这是一种原始简单的方法，仅适用于少批量的羊肉储存。

2. 低温储藏

低温储藏是羊肉储藏的最好的办法之一。低温可以抑制微生物的生命活动，从而达到储藏保鲜的目的。由于低温能保持肉的颜色和组织状态，方法简单易行，安全可靠，因而这种方法长期以来一直广泛使用。低温储藏一般分为冷却储藏和冻结储藏。

（1）冷却储藏。冷却储藏是指经过冷却后的肉在 0℃左右的条件下进行储藏。这种方法能较好地保持肉的新鲜度，该方法应用广泛。羊肉在冷冻前，在－3～－2℃下冷却 18 h，再转移到－1～1℃的冷却室储藏，相对湿度保持在 88%～99%。这样的条件下，可储存10～14 天。此方法仅适合短期储存，若要长期储藏，应采用冻结储藏。

（2）冻结储藏。冻结储藏是将羊肉的温度降低到－18℃以下，使肉中绝大部分水分形成结晶。这种条件下，通常羊肉可储存 8～11 个月。

第四节 羊　　皮

羊皮是养羊业的主要产品之一。按照生产类型一般分为羔皮、裘皮和板皮三类。羔皮和裘皮主要用于制作御寒衣物，板皮主要用于制革。羊皮具有较高的经济价值。

一、羔皮

羔皮是指从流产或出生后 1～3 天的羔羊身上剥取的毛皮，具有毛短而稀、毛卷类型美观、皮板薄而轻等特点，主要用于制作皮帽、皮领、披肩及翻毛大衣。

1. 羔皮的类型

中国羔皮品种有湖羊羔皮、济宁青山羊羔皮（青猾子皮）和卡拉库尔羊羔皮。其中，卡拉库尔羊羔皮在国际市场被誉为波斯羔皮，因在我国主要分布在东北、西北和华北地区，故称三北羔皮。

2. 羔皮的主要性状

(1) 毛色。不同羔皮具有不同的毛色：湖羊羔皮为纯白色。济宁青山羊的猾子皮为青色（灰色），根据皮面黑毛与白毛相间生长不同分为青猾皮、黑猾皮、白猾皮和杂色猾皮。其中，黑毛和白毛各占半数时，羔皮呈现天然正青色的猾子皮经济价值最佳。策勒黑羊羔皮为黑色。卡拉库尔羔皮毛色有黑色、灰色、彩色（又称苏尔色）、棕色、粉红色和白色几种。

(2) 毛卷和花纹类型。羔皮的被毛根据其弯曲形状和结构分为毛卷和花纹两大类。前者被毛卷曲成立体的各种形状，后者被毛弯曲在一个平面上，紧贴皮肤，形成各种美丽的花纹。但两者之间在羔皮的一定发育阶段并无绝对的界限。如卡拉库尔羔皮毛卷的发育始于花纹，而湖羊羔皮成熟的花纹再向前发育，即变为立体的半环状、环状弯曲。

(3) 羔皮面积。羔皮面积是决定羔皮价值的重要指标之一。在其他质量指标相同的情况下，羔皮面积越大，利用价值也越大。测定羔皮面积的方法有两种：第一种测定方法在羔皮收购分级中应用，只测定羔皮的主要使用面积，即由颈中部到尾根部的长度乘羔皮中部的宽度求出面积；第二种测定方法须用羔皮求积仪来测定，以求得羔皮的总面积。另外羔皮面积的大小与皮板厚度、毛卷质量和晾晒方法也有一定关系。

(4) 图案面积。图案面积是指优等毛卷或花纹在羔皮上的分布面积，是评定羔皮品质的主要指标之一，其面积大小分为 1/3、2/3、3/3 三种。

(5) 花案清晰（明显）度。花案清晰度是指毛卷或花纹在羔皮上的明显程度，一般分为清晰、欠清晰和不清晰 3 种。毛卷与花纹的清晰度取决于毛卷卷隙的宽度和组成花纹毛纤维的弯曲度和长度。

(6) 毛卷、花纹的紧实性和弹性。毛卷、花纹的紧实性是指其卷曲的紧实程度；而弹性是指毛卷、花纹受外力机械作用之后，恢复原来的形状和大小的能力。毛卷、花纹的弹性越大，则保持形状的性能越强，制成的毛皮成品越经久耐用。毛卷、花纹的紧实性分为坚实、正常、不足和疏松 4 种。

(7) 花纹紧贴度。花纹紧贴度是指组成羔皮花纹的毛纤维紧贴皮板的程度。这取决于毛纤维的长度和细度。花纹紧贴度分为紧贴、欠紧贴和不紧贴 3 种。优质羔皮花纹紧贴，用手抖动，毛不竖，花不乱，而次等羔皮，加以抖动后毛梢皆翘起，花纹也因之松散。

(8) 毛色和毛卷、花纹的均匀度。毛色均匀度是指色度和饰色在整个羔皮上的均匀程度，它直接影响彩色羔皮的美观程度和使用价值。毛卷、花纹的均匀度是指优等毛卷和花纹的宽度在羔皮上的一致程度。毛色和毛卷、花纹的均匀度分为均匀、不足和不均匀 3 种。

二、裘皮

裘皮是指剥取的出生后 1 月龄以上的羊只所毛皮。裘皮具有毛股长、底绒多、皮板厚而结实、保暖性好、花穗美观等特点，主要制作外毛面向内的皮夹克、大衣或皮鞋等御寒衣物。

1. 裘皮的类型

我国的裘皮羊品种主要有 4 种，即滩羊、中卫山羊、贵德黑裘皮羊和岷县黑裘皮羊，苏联的罗曼诺夫裘皮羊也较著名。中国裘皮羊，如滩羊和中卫山羊等所产裘皮一般都是在羔羊出生后 1 月龄左右剥取的毛皮，其裘皮面积小，重量轻，绒毛数量少，有髓毛较无髓毛长，毛股细而清晰，形成美丽的花穗，但保暖性能相对较差。罗曼诺夫裘皮是在羔羊 6～7 月龄时剥取的，裘皮面积较大，重量也较重，绒毛含量多，而且绒毛的长度大于粗毛，保暖性能强，但毛股不清晰，裘皮不够美观。

2. 裘皮的主要性状

（1）毛色。中国的裘皮毛色只有两种，即白色和黑色。滩羊二毛皮体躯部为白色，多数头部有褐、黑、黄色斑块。中卫山羊二毛皮（沙毛皮）为纯白色，有少数为纯黑色。贵德黑裘皮羊的二毛皮主要为黑色，有少数为黑褐色。

黑色裘皮羊羔羊出生时，部分羔羊的被毛基部为黑褐色和灰褐色。随着日龄的增长，纤维根部的这种毛色逐渐向上扩展，最终使整个被毛的毛色发生变化。优质的黑二毛皮要全身被毛的毛纤维从毛梢到毛根均为纯黑色，而且能维持的时期越长越好。

（2）花穗类型。裘皮羊二毛皮是由弯曲的毛股形成不同类型的花穗。根据毛股弯曲形状和排列的不同，一般分为理想型花穗和不理想型花穗（或不规则花穗）。

理想型花穗包括串字花、软大花，不理想型花穗包括卧花、核桃花、笔筒花、钉字花、头顶一枝花、蒜辫花等。这些花穗形状多不规则，毛股短而极大松散，弯曲数少，弧度不均匀，毛根部绒毛含量多，因而易于毡结，欠美观，其品质较差。

（3）裘皮面积。面积决定裘皮的使用价值。滩羊冬羔二毛皮的面积平均为2 160.04 cm^2，春羔二毛皮的面积平均为 2 364.83 cm^2，中卫山羊二毛皮的面积平均为1 753.11 cm^2。

（4）毛股性状。毛股的弯曲形状、大小、多少、粗细、色泽和光亮等都和裘皮的美观性有关。我国一般以颜色全黑和全白、毛股的弯曲多而整齐为上品。

三、板皮

板皮是羊皮的总称。绵羊皮中，一部分无制裘价值的用于制革；山羊板皮，除少数毛长绒多的皮张供做绒皮外，其余绝大多数均用于制革。不论是绵羊板皮还是山羊板皮均属制轻革皮的好原料，特别是山羊板皮经鞣制成革后，轻柔细致，薄而富弹性，染色和保型性能良好，是国际皮张市场上的主要商品之一。

第五节 羊 奶

羊奶含有幼畜生长发育所需要的全部营养成分，是最适合消化吸收的全价食物。羊奶和牛奶一样，是人类重要的动物性食品来源之一。

一、羊奶的营养价值和化学组成

1. 羊奶的营养价值

(1) 干物质中蛋白质、脂肪、矿物质含量均高于人奶和牛奶，乳糖低于人奶和牛奶。

(2) 蛋白质含量高，而且品质好，容易消化。10 种必需氨基酸中除蛋氨酸外，其余 9种氨基酸含量均高于牛奶；羊奶中易消化的游离氨基酸的含量也高于牛奶。羊奶中酪蛋白含量低于牛奶，但易消化的白蛋白、球蛋白含量比牛奶高。所以羊奶蛋白质有较高的消化率。

(3) 羊奶的脂肪球直径小，且其大小均匀，容易被消化吸收。

(4) 羊奶中的矿物质含量高于人奶和牛奶，尤其是钙和磷，奶中的钙主要以酪蛋白钙形式存在，很容易被人体吸收，是为老人、婴儿提供钙的最好食品；铁含量高于人奶，与牛奶接近。

(5) 羊奶中的维生素 A、硫胺素、核黄素、维生素 B6、维生素 C 等 10 种主要维生素的总含量比牛奶高，特别是维生素 C 的含量是牛奶的 10 倍。但维生素 B12 和叶酸的含量较低，这两种维生素可以通过蔬菜来获得，因此长期食用羊奶不会造成维生素缺乏症。

2. 羊奶的化学组成

实验表明，羊乳中含有 100 种以上的化学成分，但主要是水、脂肪、蛋白质、乳糖、盐类、维生素和酶类等。几种奶的成分比较见表 6—5—1。

表 6—5—1 几种奶的成分比较

奶类	干物质	蛋白质	脂肪	乳糖	矿物质
人奶	12.42%	2.01%	3.74%	6.37%	0.30%
牛奶	12.75%	3.39%	3.68%	4.94%	0.72%
山羊奶	12.94%	3.53%	4.21%	4.36%	0.84%
绵羊奶	18.40%	5.07%	7.20%	4.60%	0.90%

二、羊奶的收集、运输和储藏

1. 羊奶的收集

羊奶的收集处理是保证原乳纯洁、新鲜的关键，其方法包括过滤、净化、杀菌。

(1) 过滤。过滤是为了去除鲜奶中的杂质和部分微生物。通常，将细纱布折叠成四层，扎在盛奶桶口上，把称重后的奶经过纱布缓缓地倒入桶中即可。有的使用过滤器。过滤器为一有夹层的金属细网，中间夹放有消过毒的细纱布，乳汁通过过滤器即可除去污物等。

过滤用的纱布必须保持清洁，用后先用温水冲洗，再用0.5%的碱水洗涤，最后用清水冲洗干净，蒸气消毒10～20min存放于清洁干燥处备用。

(2) 净化。为了获得纯洁的乳汁，分离出乳中微小的机械杂质及微生物等，必须经过净化机处理。净化是利用离心力的作用，将大量的机械杂质存留于分离钵的内壁上，使奶得到净化。

(3) 杀菌。羊奶营养丰富，是细菌最好的培养基，若保存不当，很容易酸败。为了消灭乳中的病原菌和有害细菌，延长乳的保存时间，经过滤、净化后的奶应进行杀菌。杀菌多采用加热杀菌法，根据温度的不同，可分为以下几种类型：

1) 低温长时间杀菌法。加热温度为62～65℃，需时30 min。因加热时间较长，效果不够理想，仅在奶羊场作初步消毒用。

2) 短时间巴氏杀菌法。加热温度为72～74℃，需时15～30 s。常用管式杀菌器或板式热交换器进行，速度快。可连续处理，多为大乳品厂所采用。

3) 高温瞬间杀菌法。加热温度为85～87℃，需时10～12 s。此法速度快，效果好，但乳中的酶易被破坏。

4) 超高温灭菌法。将羊奶加热到130～140℃，保持0.5～4.0 s，随后迅速冷却。可用水蒸气喷射直接加热或用热交换器间接加热。此种处理后的羊奶完全无菌，在无菌包装和常温条件下可保存数月。

2. 运输

羊奶的运输是乳品生产的一个重要环节。羊奶的盛装应采用表面光滑、无毒的铝桶、搪瓷桶、塑料桶、不锈钢槽车。镀锌桶和挂锡桶应尽量少用。

生鲜奶运输可采用汽车、乳槽车等运输工具。运输过程中，无论冬季或夏季均应保温运输并有遮盖，防止外界温度影响奶品质量。

3. 储藏

我国国家标准规定，验收合格的鲜奶应迅速冷却到4～6℃，储藏期间温度不应超过10℃。

思 考 题

1. 试述羊毛的形态学特征和组织构造。
2. 简述羊毛种类及其特点。
3. 试述山羊绒、马海毛的特性及其主要用途。
4. 什么是羔皮、裘皮和板皮？
5. 羊肉含有哪些营养成分？与其他肉类相比营养价值如何？
6. 羊奶如何进行初步处理及储存？

第七章　羊的常见病防治

学习目标：

◆掌握羊常见传染病的症状、诊断要点及防治方法

◆掌握羊常见寄生虫病发生的基本条件、流行特点及调查方法

◆了解羊常见普通病的诊治技术要点

羊在生活过程中所发生的疾病是多种多样的，根据其性质，一般分为传染病、寄生虫病和普通病三大类。

传染病是由病原微生物（细菌、病毒、支原体等）侵入羊体而引起的。羊发生传染病之后，病原微生物从其体内排出，通过直接或间接接触传染给其他羊，造成病的流行。寄生虫病是由寄生虫（如蠕虫、昆虫、蜱螨、原虫等）寄生于羊体而引起的。寄生虫病与传染病有类似之处，即具有侵袭性，使多数羊发病。普通病是指除传染病和寄生虫病以外的疾病，包括内科病、外科病、产科病等。普通病没有传染性或侵袭性，多为零星发生。

羊病防治必须坚持"预防为主"的方针，认真贯彻《中华人民共和国动物防疫法》，采取加强饲养管理、定期驱虫、预防中毒等综合性防治措施，将饲养管理工作和防疫工作紧密地联系起来，取得防病灭病的综合效果。

第一节　羊的常见传染病防治

一、口蹄疫

口蹄疫是由口蹄疫病毒引起的一种急性、热性、高度接触传染性的动物传染病。山羊、绵羊都可感染发病，人也可以感染。患病动物以口、蹄部以及乳房皮肤发生水疱和溃烂为特征。世界卫生组织一直将本病列为A类动物疫病名单之首。

1. 流行病学意义

本病具有流行快、传播广、发病急、危害大等流行特点。本病的传播虽然没有明显的季

节性，但冬春季节发病较多，夏季较为缓和或平息。

病畜和处于潜伏期的动物是传染源，刚刚退热一段时间的动物最危险。主要经消化道和呼吸道感染和传播，空气传播很快，也可经过创伤的皮肤和黏膜感染，破溃的水疱液和水疱皮都含有大量的病毒。偶蹄动物为易感动物。

2. 临床症状

绵羊和山羊患病时的潜伏期一般为 1～7 天，平均为 2～4 天。病羊体温升高达 41～42℃，食欲废绝，精神沉郁、跛行。绵羊发病时口腔黏膜发生水疱，但舌面较少发生。山羊口腔病变比绵羊多见，水疱多发生于硬腭和舌面。母羊多发生流产。蹄部水疱较小，不像牛和猪那样明显可见。乳用山羊有时可见乳头有水疱，产奶量减少。哺乳期羔羊特别容易感染，多表现为出血性胃肠炎。也可表现为恶性口蹄疫，由于心肌麻痹而死亡。羔羊死亡率可达 20%～50%。

3. 预防治疗

（1）报告疫情。当发生口蹄疫或怀疑为口蹄疫时，应迅速上报有关单位。及时采集病羊资料送有关单位鉴定与定型。通知友邻单位，组织联防。

（2）根据定型结果，用同型的口蹄疫疫苗高密度、高质量地开展紧急预防注射，使非疫区尽快形成牢固的免疫带。发生口蹄疫后的地区，每年进行春秋两次预防注射，连续注射 3 年。

（3）水疱和溃烂部可用 3%盐水、0.1%高锰酸钾液冲洗；溃烂部可涂以碘甘油或撒布青黛散或大黄粉。民间多用豆面粉或香豆（葫芦巴）草研成末撒布口腔。蹄部溃烂可涂以稀碘酒。对心跳加快、节律不齐的病畜用 10%水杨酸钠 100 mL、40%乌洛托品 60 mL、5%氯化钙 80 mL、10%葡萄糖 7 mL 静脉滴注。

（4）在交通要道设立兽医检疫消毒站，负责过往车辆、人畜、物资的检疫消毒工作，严禁疫区牲畜和畜产品外运。疫区和威胁区设立流动哨，严禁人畜往来。最后一头病畜死亡或痊愈后 21 天，彻底消毒后（用 1%～2%氢氧化钠或 1%福尔马林消毒污染的地区，粪便堆积发酵处理）经有关部门批准才可解除封锁。

二、炭疽

炭疽是人和动物共患的一种急性、热性、败血性传染病。

1. 流行病学意义

炭疽主要经过消化道感染，也可由呼吸道或皮肤伤口感染。病畜的粪便等分泌物、尸体、内脏、皮毛、骨骼、污染土壤、水域等都是本病散播的重要原因。健康羊只吃了含有炭疽芽孢的牧草和饲料，或者喝了含有芽孢的水，都能感染发病。

2. 临床症状

根据病程不同，炭疽可以分为最急性、急性和亚急性三种类型。绵羊和山羊患病多为最急性。

（1）最急性。往往发现羊尸体而不知道死亡时间。有时在放牧过程中突然死亡。一般表现为突然昏迷，行走不稳，磨牙，数分钟后倒毙，很像急性中毒死亡。死前全身振颤，天然孔流血。

（2）急性。病羊不安，呼吸困难，行走摇摆，大叫，高热，有时身体各部发生肿胀，继而鼻孔黏膜发绀，唾液及排泄物呈红色，肛门流出血色物或流血，全身痉挛而死。

（3）亚急性。症状与急性相似，但较缓和，病程达 2～5 天。

3. 预防治疗

常发生本病的地区，羊只应进行预防接种。受威胁的羊群应注射抗炭疽血清。发现病羊应立即隔离单独喂养。同时立即报告当地畜牧兽医部门。病死羊必须无害化处理。淹没病死羊的地方应设置明显标志禁止掘土施工。要注意兽医技术人员和周围工作人群的安全防护。

对病情较为缓和的羊只，使用青霉素、磺胺、抗炭疽血清进行治疗。

三、布氏杆菌病

布氏杆菌病是由布氏杆菌引起的人畜共患病，患病动物长期带菌。临床特征是生殖系统受到严重侵害，雌性动物表现为流产和不孕，雄性动物则出现睾丸炎，人也可感染，表现为长期发热、多汗、关节痛、神经痛、肝脾肿大等症状。

1. 流行病学意义

传染源是病羊和带菌羊（包括人和野生动物）。病羊可从乳汁、粪便和尿液中排出病原菌，污染草场、畜舍、饮水、饲料及排水沟等。公羊精囊中带菌，随交配或人工授精感染母羊。病母羊流产时，病菌随流产胎儿、胎水和胎衣及阴道分泌物等排出，成为最危险的传染源。

本病的主要传播途径是消化道，即通过污染的饲料和水源等感染。本菌也可经过阴道、皮肤、结膜、自然配种和呼吸道等侵入机体感染。吸血昆虫也可传播本病。

本病呈地方性流行，无明显季节性。绵羊和山羊通常在秋季配种，翌年 1—2 月病羊发生流产。但如果畜牧场不严格定期配种，生产时间就不一致，其发病时期也不一致。本病存在较久的地区，一般较少发生大批流行或流产。但新组成的羊群一旦发生本病，可呈暴发式的流行。检疫制度不健全、集市贸易家畜的频繁移动、被污染的毛皮收购和销售等因素可促进本病传播。暴风雨或洪水等自然灾害因素可迫使牲畜的流动，增加传播的机会，造成本病暴发流行。

2. 临床症状

羊布氏杆菌病的主要症状是流产，多发生于妊娠后 3～4 个月，流产前症状不明显，部分病羊流产前食欲减退，精神沉郁，口渴，体温升高，阴道流出黄色液体。还可能出现乳房炎、关节炎、滑膜炎及支气管炎。病公羊常见睾丸炎、附睾炎及多发性关节炎。

3. 预防治疗

本病治疗效果不佳，因此对病羊一般不做治疗，直接屠宰淘汰。预防和消灭本病的有效措施是检疫、隔离、控制传染源、切断传播途径，培养健康羊群及免疫接种。

（1）自繁自养，严格检疫，培养健康畜群。未感染羊群必须引进种羊或补充羊群时，引进羊只应隔离饲养 2 个月，同时进行布氏杆菌病的检测，全群两次检测为阴性者方可与原有羊群接触。新进的羊群应每年定期检疫 1～2 次，一旦发现感染羊或病羊立即淘汰。

（2）加强生物安全控制。包括产房卫生、消毒、流产胎儿、胎衣深埋、奶消毒、羊粪发酵和病羊皮毛消毒等。一旦出现流产，应尽快做出诊断，并采取相应措施，包括隔离流产羊和消毒环境、处理流产胎儿和胎衣等。

（3）免疫接种。免疫接种是有效防治本病的根本措施之一。国际上使用的疫苗主要有羊型 RevI 活疫苗、布鲁氏菌 19 号活疫苗和羊型 53H38 灭活疫苗。目前，我国主要研制并广泛应用的疫苗有羊型 5 号（M5）活疫苗。

四、羊快疫

本病是一种地方流行病，因为病程急剧所以称为快疫。其特征是真胃和十二指肠的黏膜发炎。

1. 流行病学意义

本病常与猝疽混合感染，在牧区往往于 5 月间流行。一些地方以春季较为常见，发病几乎只见于 2 岁以内的绵羊，时常侵害营养良好、体格健壮的羊只。

病菌主要通过消化道和伤口感染，经消化道感染的绵羊发生快疫，而经伤口感染的各种家畜可发生恶性水肿。在自然条件下，如放牧于被羊快疫病菌污染的牧场或吞食了被污染的饲料，都可发生感染。应激因素是发生本病的诱因，如寒冷、采食冰冻饲料、受绦虫侵袭等。

2. 临床症状

潜伏期短，常表现为突然发病，迅速死亡。2～12 h 死亡的病例，表现为衰竭、磨牙、呼吸困难和昏迷，有的出现疝痛、臌气、痉挛、结膜急剧充血、天然孔有红色液体流出，可视黏膜肿胀，呈蓝红色，口鼻常流出带血泡沫，有时发生血色下痢。

3. 预防治疗

虽然磺胺类药物及青霉素类药物均有疗效，但由于发病急剧、病程短暂，临床治疗很难奏效。为此必须严格贯彻“预防为主”的方针，认真做好预防工作。

（1）每年在发病季节到来前，本病流行区域应用羊快疫—猝疽—肠毒血症三联菌苗免疫接种。也可用绵羊三联四防菌苗或四联五防菌苗免疫接种。

（2）舍饲羊只加强运动，多饲喂优良干草或秸秆；舍饲转为放牧时，应注意合理饲养，避免到污染地区和沼泽地区放牧。

（3）羊群一旦发病应严格隔离病羊，妥善处理病死羊尸体，羊圈严格消毒，更换污染的牧场和饮水。

五、羊肠毒血症（软肾病）

羊肠毒血症又名软肾病，是由D型魏氏梭菌引起的绵羊的一种急性毒血症，临床特征为腹泻、惊厥、麻痹和突然死亡，病变特征是肾脏软化如泥。

1. 流行病学意义

绵羊和山羊均可感染，但绵羊更为易感。以4～12周龄哺乳羔羊多发，2岁以上绵羊很少发病。本病呈地方流行或散发，具有明显的季节性和条件性，多在春末夏初或秋末冬初发生。

一般发病与下列因素有关：一是牧区由缺草或枯草的草场转至青草丰盛的草场，羊只采食过量；二是农区常发生在收菜季节，羊只吃了过量的菜根菜叶，或收完庄稼后羊群抢茬吃了大量谷类；三是肥育羊和奶羊饲喂高蛋白精料过多，降低了瘤胃内的pH值，导致病原体的生长繁殖增快。

2. 临床症状

发病突然，病程短暂，迅速死亡，有时见到病羊向上跳跃，跌倒于地，发生痉挛，于数分钟内死亡。

病程缓慢的可见兴奋不安，空嚼，磨牙，异食，头向后仰或斜向一侧，作圆圈运动；也有的羊低头顶棚栏、树木或墙壁等；有的病羊呈现步履蹒跚，侧身卧地，角弓反张，口吐白沫，四肢划动，全身肌肉战栗。一般体温不高，但常有绿色糊状腹泻，在昏迷中死亡。

3. 预防治疗

（1）针对病因加强饲养管理，防止过食，精、粗、青料搭配，合理运动。

（2）疫区应在每年发病季节前进行免疫接种。

（3）对疫群中尚未发病的羊只，可进行紧急接种。

（4）注意尸体处理，更换草场和用5%来苏水消毒。

（5）急性病例常常来不及医治，病程缓慢的可使用高免疫血清进行治疗。

六、羊黑疫

此病为绵羊的急性致死性中毒性传染病，很像绵羊快疫。本病以肝实质发生坏死性病灶为特征。

1. 临床症状

常见不到任何症状而突然死亡，病情较缓和的表现为精神不振，行走时落在羊群之后，喜卧，1h内死亡，死前也不见挣扎。部分病例可拖延1～2天，病羊食欲废绝，精神沉郁，呼吸急迫，体温达 41.5℃，常昏睡俯卧而死。病羊一般营养良好。

2. 预防治疗

（1）流行本病的地区应做好肝片吸虫病防治工作。

（2）发病地区应定期接种疫苗。

（3）病程缓和的羊，肌肉注射青霉素或早期静脉或肌肉注射抗诺维氏梭菌血清进行治疗。

七、羔羊痢疾

羔羊梭菌性痢疾习惯上称为羔羊痢疾，俗名红肠子病，是新生羔羊的一种毒血症。特征为剧烈持续性下痢和小肠发生溃疡，死亡率很高。

1. 流行病学意义

主要通过消化道、脐带或伤口感染。细菌可能来自污染的羊圈或母羊乳头。母羊可以带菌。在各种不良因素作用下，病菌在小肠大量繁殖，产生毒素进入血液，引起毒血症而发病。

气候变化剧烈，产房不洁或过冷，以及母羊和羔羊体质衰弱等，都容易促使本病的发生。

2. 临床症状

潜伏期为 1～2 天，有的只有几小时。

病初羔羊精神沉郁，头垂弓背，停止吮乳，不久发生腹泻，粪便呈粥状或水样，色黄白、黄绿或灰白，恶臭。体温、心跳、呼吸无明显变化。后期大便带血，肛门失禁，眼窝下陷，卧地不起，最后衰竭而死。

3. 预防治疗

（1）加强母羊（特别是孕羊）的饲养管理，做好夏秋抓膘和冬春保膘工作，保证所产羔羊健壮，母乳充足，以增强羔羊抗病能力。

（2）为避免产羔时过于寒冷，可将产羔季节提前或推迟，避开最寒冷的时间产羔。

（3）每年秋季可给母羊接种疫苗。对该病常发地区，羔羊出生后 12 日内可口服土霉素。

（4）做好产房的卫生消毒。

（5）病羔羊应进行输液抗生素治疗。

八、羊痘

羊痘是各种家畜痘病中危害最为严重的一种热性接触性传染病，特征是在皮肤和黏膜上发生特殊的痘疹，可见到典型的斑疹、丘疹、水疱、脓疱和结痂等病理过程。

1. 流行病学意义

本病主要经过呼吸道感染，也可通过损伤的皮肤或黏膜感染。被病毒污染的物品可以成为传播媒介。不同年龄、品种、性别的绵羊都有易感性，但以细毛羊最为易感，羔羊比成年羊易感，妊娠母羊感染后极易发生流产。多发于冬末春初时节，流行具有一定的周期性。易感羊群致死率可达 10%～60%，有时达 100%，羔羊致死率达到 100%。

2. 临床症状

潜伏期平均为 6～8 天，病羊体温升高到 41～42℃，体温升高后一般需要经过 1～4 天开始发痘。

典型痘疹多发生于无毛或少毛的皮肤，如眼、唇、鼻、乳房、外生殖器、四肢和尾内侧。开始为红斑，1～2 天后形成丘疹，随后丘疹逐渐扩大变成灰白色或淡红色半球状的隆起结节，结节在几天内变成水疱。水疱形成初期内容物为清亮似淋巴液样，后变为脓性。如无继发感染，水疱逐渐干燥成棕色痂块，痂块脱落后变为红斑。病程一般为 3～4 周。

3. 预防治疗

平时搞好饲养管理，加强免疫接种。发现病羊要立即隔离，划定疫区疫点进行封锁，对受威胁羊群进行紧急免疫接种，严格处理病死羊尸体和污物。此病无特效药，只能对症治疗，用清水或 0.1%的高锰酸钾溶液清洗患处后涂以 5%碘甘油或紫药水。

第二节　羊的常见寄生虫病防治

一、肝片吸虫病

肝片吸虫病又名肝蛭病，是由肝片吸虫或大片吸虫寄生于动物肝脏和胆管而引起的寄生虫病。

1. 流行病学意义

该病分布极广，外界环境和季节对本病的流行有很大影响，但多呈地方性流行，多发生在低洼和沼泽地带的放牧区。特别是在多雨、潮湿、温暖的季节由于淡水螺类剧增，本病流行严重。我国南方 9—11 月，北方 8—9 月多发，一般羊群感染率为 30%～50%，个别严重的羊群可高达 100%，尤以幼畜和绵羊易感。环境温度、水和椎实螺的存在是该病流行的重要因素。

2. 临床症状

轻度感染不表现任何临床症状。严重感染表现明显的症状，可分为急性和慢性两种。

（1）急性型（童虫寄生阶段）。比较少见，多因短期感染大量囊蚴所致。病羊初期发热，不食，精神委靡，衰弱易疲劳、离群，肝区压痛明显，排黏液性血便，全身颤抖。红细胞及血红素显著降低，严重者在几天内死亡。

（2）慢性型（成虫寄生阶段）。主要表现为消瘦，贫血，黏膜苍白，食欲不振，异食，被毛粗乱无光，步行缓慢。在眼睑、颌下、胸腹下出现水肿，便秘与下痢常交替发生，最后可因极度衰竭死亡。怀孕母畜往往发生瘫痪，甚至流产。

3. 预防治疗

必须采取综合性防治措施，才能取得较好的效果。

(1) 定期驱虫。在本病流行区每年结合当地具体情况进行 1～2 次驱虫，一般可选择在秋末冬初进行。如进行两次驱虫，另一次可安排在翌年的春季。

(2) 粪便处理。对畜粪及时清理堆积发酵，杀死虫卵。

(3) 饮水及饲草卫生。尽可能避开在有椎实螺滋生的地方放牧，以防感染囊蚴。饮用水最好使用自来水、井水或流动的河水。

(4) 消灭中间宿主。可结合水土改造破坏肝片吸虫的中间宿主椎实螺的生活条件。可施用硫酸铜溶液（1∶50 000）或以 2.5 μL/L 的血防 67 灭螺。此外，还可辅以生物灭螺，如养鸭和其他水禽等。

(5) 药物治疗。常用药物有以下几种：丙硫苯咪唑（阿苯哒唑），剂量为每千克体重 15～25 mg，一次口服；蛭得净（溴酚磷），剂量为每千克体重 16 mg，一次口服，对感染成虫和幼虫均有很好的疗效；硝氯酚（拜耳 9015），剂量为每千克体重 4～5 mg，一次口服，驱成虫有高效；肝蛭净（三氯苯唑），剂量为每千克体重 10 mg，一次口服，对发育各阶段的肝片吸虫均有效；碘醚柳胺，剂量为每千克体重 7.5 mg，一次口服，对成虫和 6～12 周未成熟的肝片吸虫均有效；硫双二氯酚（别丁），剂量为每千克体重 80～100 mg，灌服，对成虫有效。

二、绦虫病

绦虫病是由莫尼茨绦虫、曲子宫绦虫及无卵黄腺绦虫寄生于绵羊、山羊和牛的小肠所引起的寄生虫病。其中莫尼茨绦虫危害最为严重，特别是羔羊、牛犊感染时，不仅影响生长发育，甚至可引起死亡。3 种绦虫既可单独感染，也可混合感染。该病在全国广泛分布，但在东北、西北和内蒙古牧区流行更为普遍。

1. 流行病学意义

羔羊感染率最高，随年龄增长感染率逐步降低。流行呈现一定的季节性，感染高峰一般在夏秋季节。本病感染季节与地螨的季节数量变动有密切关系。当羊吃草时吞食了含有似囊尾蚴的地螨后，即可感染本病。地螨多在温暖和多雨季节活动，夏秋两季较多，所以此时羊绦虫病发病也较多。

2. 临床症状

患畜的表现通常与感染虫体的强度及体质、年龄等因素密切相关。一般可表现为消化紊乱、消瘦、体弱贫血、水肿、发育不良、掉毛。严重时病羊下痢，粪中混有虫体节片（呈大米粒样，新排出时常可见蠕动），有时还可见虫体的一段吊在肛门处。被毛粗乱无光，喜躺卧，起立困难，体重迅速减轻。若虫体阻塞肠管时，则出现肠膨胀和腹痛，甚至因肠破裂而死亡。有时病羊亦可出现转圈、肌肉痉挛或头向后仰等神经症状。后期，患畜仰头倒地，经常作咀嚼运动，口周围有泡沫，反应迟钝，直至全身衰竭而死亡。

3. 预防治疗

(1) 预防。根据本病的季节动态，在流行区对羊群成虫期前驱虫，经 10～15 天再进行第二次驱虫，可防止牧场被污染。避免在雨后、清晨或傍晚放牧，以减少羊食入中间宿主地螨的概率。有条件的地方，最好实行牛、羊轮牧。

(2) 治疗。可选用如下药物：灭绦灵（氯硝柳胺），按每千克体重 75～100 mg，早晨或空腹时一次灌服；丙硫苯咪唑（阿苯哒唑），按每千克体重 10～16 mg，一次内服；苯硫咪唑（芬苯哒唑），按每千克体重 5～10 mg，一次内服；吡喹酮，按每千克体重 5～10 mg，一次内服；硫双二氯酚（别丁），按每千克体重 50～70 mg，一次灌服；甲苯咪唑，按每千克体重 20 mg，一次内服。

三、消化道线虫病

消化道线虫病是由许多线虫寄生于羊胃肠道内而引起的一种疾病。由于许多线虫寄生于胃肠道内，吸取机体内的营养，损伤消化道黏膜，导致羊体瘦弱、降低抗病能力，严重者还会造成动物大批死亡。该病在全国各地均有不同程度的发生和流行，尤以西北、东北地区和内蒙古广大牧区更为普遍，常给养殖业带来严重损失。

1. 流行病学意义

家畜感染是由于吞食了被虫卵所污染的饲草、饲料及饮水所致。线虫发病与气候有关，天气变化可影响线虫的感染性，特别是干旱过后的雨季更易感染此病。血矛线虫属是最主要的寄生虫，常可引起动物发病并对驱虫药产生抗药性。这些寄生虫大多侵害幼龄羔羊，偶尔也侵害成年羊。此外，过度拥挤、过度放牧及营养缺乏时也易感染本病。

2. 临床症状

病羊感染各种消化道线虫的主要症状表现为消化紊乱，胃肠道发炎，腹泻，消瘦，眼结膜苍白，贫血。严重病例下颌间隙水肿，羊体发育受阻。少数病例体温升高，呼吸、脉搏频数及心音减弱，最终病羊可因身体极度衰竭而死亡。

3. 预防治疗

(1) 预防。定期驱虫，一般春秋两季驱虫，严重时可 3 个月驱虫 1 次。粪便要经过堆积发酵处理；羊群应饮用自来水、井水或干净的流水；尽量避免在潮湿低洼地带和早、晚及雨后时放牧（禁放露水草），有条件的地方可以实施轮牧。

(2) 治疗。可选择下列药物：丙硫苯咪唑（阿苯哒唑），按每千克体重 5～20 mg，一次内服；苯硫咪唑（芬苯哒唑），按每千克体重 5～10 mg，一次内服；甲苯咪唑，按每千克体重 10～15 mg，一次内服；左旋咪唑，按每千克体重 10～15 mg，一次内服，也可皮下或肌肉注射；阿维菌素，按每千克体重 0.2 mg，一次皮下注射或内服，对体内的各种线虫和体表寄生虫均有杀灭作用；精制敌百虫，绵羊按每千克体重 80～100 mg，山羊按每千克体重 50～70 mg 加水，一次内服；硫化二苯胺，按每千克体重 600 mg，用面汤做成悬浮液，一次内服，服药后 24 h 内，应避免日光照射，防止对日光的过敏现象。

四、羊球虫病

羊球虫病又称出血性腹泻或球虫性痢疾，是由艾美科艾美耳属的球虫寄生于羊肠道所引起的一种原虫病，是以急性或慢性肠炎为特征的寄生虫病，此外，病羊还呈现消瘦、贫血、发育不良等症状。临床上以羔羊最易感染，死亡率也高。

1. 流行病学意义

各种品种的绵羊、山羊均有易感性；羔羊极易感染，时有死亡，成年羊一般都是带虫者。本病多发生于多雨炎热的水草旺季，羊舍卫生不良及羊体抵抗力降低的情况下，极易诱发病的流行。

2. 临床症状

成年羊多为带虫者，感染不发病。2～6 月龄小羊容易发病。主要经口感染，轻者出现软便（似牛粪样）。重者发病初期体温升高，后下降。主要症状为急剧下痢，排出黏液血便，恶臭，并含有大量卵囊。病羊贫血，消瘦，食欲不振，疝痛等。一般发病后 2～3 周恢复，耐过羊可产生免疫力，不再感染发病。

3. 预防治疗

（1）预防。不要在湿洼地方放牧和小死水池中饮水；每天清除粪便，进行堆积发酵消毒；定期进行圈舍消毒，经常保持圈舍及周围环境的通风干燥，并洗涤母羊乳房和挤奶用具；对病羊及时隔离治疗，成年羊是球虫的散播者，最好将成年羊与幼羊分群饲养管理。通常都认为，成年羊受过感染而产生免疫力，羔羊易感性最强。因此最好让羔羊放牧，逐渐与球虫接触，以获得抗球虫能力。

（2）治疗。可选择下列药物：氨丙林，以每天每千克体重 145 mg 混饲 2～3 周，预防、治疗有效；盐霉素，以每天每千克体重 0.33～1 mg，连喂 2～3 周有效；磺胺二甲氧嘧啶，以每天每千克体重 50～100 mg，连服 3～5 天，对急性病例有效；磺胺与甲氧嘧啶加增效剂（TMP），按 5∶1 比例配合，以每天每千克体重 0.1 g 剂量内服，连用 2 天，有治疗效果。

五、螨病

羊螨病俗称疥癣、疥疮或癞，是由羊疥癣和痒螨虫寄生在羊身体上所引起的传染性皮肤病。以剧痒、皮肤丘疹、水疱、脱毛等为特征。本病传播快，危害重。

1. 流行病学意义

该病主要发生于冬季、秋末和春初。通过直接接触传播或通过被螨及其卵所污染的圈舍、用具间接接触引起感染。在雨季繁殖很快，容易蔓延，到冬季发展到高峰。发病时，疥螨病一般始发于皮肤柔软且毛短的部位，如嘴唇、口角、鼻面、眼圈及耳根部，以后皮肤炎症逐渐向周围蔓延；痒螨病则起始于被毛稠密和温度、湿度比较恒定的皮肤部位，如绵羊多发生于背部、臀部及尾根部，以后才向体侧蔓延。

2. 临床症状

多发生在感染后2～4周。初期奇痒，病羊不断在墙壁、柱栏等处摩擦，尤以阴雨天及通风不好的圈舍表现尤为剧烈。由于患羊的摩擦和啃咬，患部常出现丘疹、结节、水疱和脓疱，甚至痂皮及龟裂。山羊疥螨病灶主要发生在腋下、鼠蹊、乳房、阴囊、四肢屈面等无毛部位或稀毛部位的皮肤，严重时弥漫全身，有的病灶首先发生在唇、鼻和耳根部的皮肤。绵羊患疥螨病时，因病变主要局限于头部，病变皮肤有如干涸的石灰，故有“石灰头”之称。绵羊感染痒螨后，可见患部有大片被毛脱落。发病病羊因奇痒而不断摩擦患部，烦躁不安，采食和休息不好，很快消瘦，终至衰竭而亡。

3. 预防治疗

(1) 预防。每年定期对羊群进行药浴。对新引进的羊应隔离检查，确定无螨寄生后再混群饲养；圈舍应经常保持干燥、通风，定期清扫和消毒；对患病羊要及时隔离治疗。治疗期间可应用0.1%的蝇毒磷乳剂对环境消毒，以防散布病原。

(2) 治疗。常用药物如下：阿维菌素，按每千克体重0.2 mg，一次皮下注射；双甲脒，按每吨水加入12.5%双甲脒乳油4 000 mL，配成乳油水溶液，对羊药浴或涂擦体表；用于药浴的有机磷制剂，如0.05%辛硫磷乳液、0.015%～0.02%巴胺磷水乳液、0.05%蝇毒磷水乳液、0.025%螨净（二嗪农）水乳液、0.5%～1%敌百虫水溶液（应慎用）等。

第三节　羊的常见普通病防治

一、口炎

口炎是口腔黏膜炎症的总称，病羊表现为采食和咀嚼困难、口流清涎、疼痛，传染性口炎还伴发全身症状。

1. 流行病学意义

非传染性病因包括机械性和化学性损伤。传染性病原包括病毒、细菌性传播过程中继发或伴发口炎，如羊口疮、坏死杆菌病、口蹄疫、羊痘等。

2. 临床症状

卡他性口炎的症状有流涎、采食和咀嚼障碍，口腔黏膜潮红、增温、肿胀和疼痛。其他类型的口炎还可有口腔黏膜发生水疱、溃疡、脓疱或坏死等病变。有些病例还伴有发热等全身症状。

3. 预防治疗

症状轻微，能排除传染病可能时，主要采取局部用药的方法，可用2%盐水或0.1%高锰酸钾冲洗口腔。有糜烂时，可用明矾、碘甘油等治疗。全身症状明显时采取对症治疗的方法，确诊后应积极治疗原发病。

二、食道阻塞

食道阻塞是指食道某段被食物或其他异物阻塞而引起的不能下咽的急性病症。

1. 流行病学意义

一般是由于羊只过于饥饿，吃得太急，而把饲料块根、马铃薯、萝卜或未经咀嚼的干草吞入，阻塞在食管部。此外，还可继发食管狭窄、食管麻痹和食管炎。

2. 临床症状

突然发病，停止采食，病羊口流涎液，头颈前伸，屡屡表现出吞咽动作，精神紧张，苦闷不安。严重时张口触及地面，由于嗳气受阻，常常发生瘤胃鼓胀。不完全阻塞时，可咽下液体食物，但固体食物不能下咽。

3. 预防治疗

防止羊偷食未加工的块根饲料；补充无机盐，防止异食癖；清理牧场、圈舍周围的废弃杂物。一旦发病，应抓紧治疗。

三、前胃弛缓

前胃弛缓是由各种病因导致前胃神经兴奋性降低，肌肉收缩力减弱，瘤胃内容物运转缓慢，微生物群系失调，产生大量发酵和腐败的物质，引起消化障碍，食欲、反刍减退，乃至全身机能紊乱的一种疾病。本病常发于山羊，绵羊较少发生。

1. 流行病学意义

前胃弛缓的病因较为复杂，一般分为原发性和继发性两种。原发性病因是由于饲养不当、天气变化、缺乏维生素或矿物质、服用药物等；继发性病因常继发于热性病、疼痛性疾病，以及多种传染病、寄生虫病和某些代谢病（骨软症、酮病）过程中及瓣胃与真胃阻塞、真胃炎、真胃溃疡、创伤性网胃炎、腹膜炎、胎衣不下、误食胎衣、中毒性疾病过程中。

2. 临床症状

按其病情发展阶段，可分为急性和慢性两种类型。急性症状多表现为食欲废绝，反刍和瘤胃蠕动次数减少或消失，瘤胃内容物腐败发酵，产生大量气体，左腹增大，叩触不坚实。慢性症状多是继发性的，表现为食欲不定，发生异食，反刍不规则，短促、无力或停止，嗳气减少。病情时好时坏，日渐消瘦，被毛干枯、无光泽，皮肤干燥、弹性减退，精神不振，体质虚弱。瘤胃蠕动音减弱或消失，内容物黏硬或稀软，瘤胃轻度肿胀，还有原发病的症状。

3. 预防治疗

(1) 预防。主要是改善饲养管理，注意饲料的选择、保管，防止霉败变质；不可任意增加饲料用量或突然变更饲料种类；建立合理的使用制度，休闲时期应注意适当运动，避免不利因素的刺激和干扰，尽量减少各种应激因素的影响。

(2) 治疗。治疗原则为除去病因，加强护理，增强前胃机能，制止腐败发酵，改善瘤胃内环境，恢复正常微生物群系，对症治疗。

1) 除去病因，加强护理。病初绝食 1～2 天，保证充足的清洁饮水，以后给予适量易消化的青草或优质干草。轻症病例可在 1～2 天内自愈。

2) 缓泻。可喂给硫酸钠（或硫酸镁）100～200 g，液体石蜡油 100～200 mL，植物油 100～200 mL。盐类泻剂于病初只用一次，以防引起脱水和前胃炎。

3) 止酵。大蒜头 200～300 g 或大蒜酊 100 mL，95%酒精或白酒 20～30 mL，加水服用，松节油 5～10 mL 一次内服。

4) 促进前胃蠕动

①食饵疗法。给病畜适口性好的草料，通过口腔的活动反射性地引起胃肠蠕动。

②促反刍液。5%氯化钙 5～10 mL，10%氧化钠注射液 5～10 mL，10%安钠咖注射液 5～10 mL，1 次静脉注射，每日 1 次。

思 考 题

1. 简述口蹄疫、羊快疫、羊黑疫、羔羊痢疾的概念及临床特征。
2. 简述羊快疫、羊肠毒血症的诊断预防措施。
3. 简述羔羊痢疾的治疗措施。
4. 寄生虫病的发生和流行特点是什么？
5. 防治羊寄生虫病应采取哪些措施？
6. 简述食道阻塞的概念及临床特征。
7. 分析病因，叙述预防前胃弛缓的主要措施。

实　训

实训一　羊品种识别

一、实训目的

通过实训使学生掌握羊的主要品种及其特征，能识别主要羊品种。

二、实训资源

不同品种羊的图片、幻灯片课件、影碟片或实体羊，幻灯机、投影机、电影放映机、VCD 机。

三、方法步骤

观看录像或图片识别以下羊的品种：澳洲美利奴羊、新疆细毛羊、德国肉用美利奴羊、无角道赛特羊、萨福克羊、小尾寒羊、乌珠穆沁羊、欧拉型藏羊、阿勒泰羊、波尔山羊。

四、实训作业

通过观看羊品种录像，写出无角道赛特羊、萨福克羊、小尾寒羊、波尔山羊的外貌特征及生产性能。

实训二　羊编号的方法——插耳标法

一、实训目的

通过该实训，可以使学生掌握插耳标的方法，为日后羊的育种工作做好技术准备。

二、实训资源

打耳钳、羊耳标、碘酒、耳标笔、剪子。

三、实训方法

1. 用金属耳标或塑料耳标，在羊耳的适当位置（耳上缘）打孔、安装。耳标上应标明品种标记、年号、个体号。

2. 用打耳钳打孔时要避开血管，准备打孔的地方要用碘酒充分消毒。

3. 耳标上第一个数字应该是品种号，如波尔山羊，取“B”作为品种标记。第二个数字是年号，如2005年，取05或5。最后是个体号，公羊用单数，母羊用双数，每年从1号、2号开始，不要逐年累积。

实训三　羊毛长度测定方法

一、实训目的

掌握羊毛长度的测定方法。

二、实训内容

1. 自然长度的测定

2. 伸直长度的测定

三、实训资源

1. 动物

绵羊若干。

2. 用具

黑绒板、尖头镊子、小钢尺和培养皿等。

四、操作方法（现场测定法）

1. 自然长度的测定

（1）一般是测定羊体侧横中线偏上、肩胛骨后缘一掌后的地方，轻轻将毛丛分开，保持羊毛的自然状态。

（2）用小钢尺沿毛丛方向测定自然长度，精确度为 0.5 cm（如记录 6.5、7.0、7.5）等。

2. 伸直长度的测定

（1）将毛样和钢尺顺直摆在黑绒板上。

（2）用尖头镊子由毛丛根部一根一根抽出纤维，并用镊子夹住纤维两端，拉到纤维弯曲消失为止。

（3）在钢尺上量其长度，精确到 0.1 cm。记录测定结果。

在评定等级时，超过或不足 12 个月的毛应按下列公式换算成 12 个月的毛长：

12 个月的毛长＝（鉴定时羊毛的实际长度/羊毛生长实际月份数）×12

鉴定母羊时测体侧部位。公羊除测体侧外，还应测肩部（肩胛骨的中心点）、股部（髋关节与飞节连线的中点）、背部（背部中点）和腹部（腹中部偏左处），记录时按肩部、体侧、股部、背部、腹部顺序排列。

测伸直长度时，同质毛可直接测定，每个毛样测 150～200 根；异质毛需按纤维类型分开后，再按不同类型量取，每种纤维类型测 100 根。

五、实训作业

依测定数据，计算毛样的平均伸直长度、标准差、变异系数和伸直率。

伸直率＝［（平均伸直长度－羊毛自然长度）/羊毛自然长度］×100％

实训四　羊的药浴

一、实训目的

说出羊药浴的三种方法，并在提供资源时，能选择出适宜于当地的一种药浴方法；记忆用于药浴的药物；能组织羊药浴工作。

二、实训资源

剪毛后的羊、药浴池、药浴用药。

三、实训内容及操作步骤

药浴是为了防治绵羊外寄生虫病，特别是疥癣病。药浴一般在剪毛后 10 天左右进行。除两个月内羔羊、病羊和有外伤羊外，其余羊只一律进行药浴。药浴每年进行 2 次。药浴应选在晴暖的天气进行。药浴的方式有池浴、淋浴和盆浴三种。淋浴因基建设备要求高，药浴效果欠佳，近年来较少采用。盆浴适用于羊只少的养羊户。目前，多采用池浴形式。

药浴药液为杀虫脒 0.1%～0.2% 水溶液、敌百虫 0.5%～1.0% 水溶液、速灭杀丁（80～200 mg/kg），溴氢菊酯（50～80 mg/kg），常用的还有蝇毒磷 20%乳剂或 16%乳油配制的水溶液。成年羊药浴的浓度为 0.05%～0.08%，羔羊药浴的浓度为 0.03%～0.04%。

配制药液时宜用软水，将水加热到 60～70℃。药浴时药液温度为 20～30℃。

2. 池浴时 1 人负责推引羊只入池，2 人手持压扶杆负责池边照护，遇有背部、头部没有浴透的羊将其压入水中浸湿；遇有拥挤互压现象时，要及时拉开，以防药水呛入羊肺或羊被淹死。

3. 羊只入池 2～3 min 后即可出池。

4. 出池后的羊只在广场停留 5～10 min 后放出。

注意事项如下：

第一，羊只在药浴前半日应停止放牧，并令其饮足水。

第二，为了防止中毒，最初先让几只质量较差的羊试浴，确认安全后再让大群入池。

第三，每浴完一群，应根据减少的药液量进行补充，以保持药量和浓度。

第四，要保持药浴池的清洁，及时清除污物，适时换水。

第五，药浴后，如遇阴雨天气，应将羊群及时赶到附近羊舍内躲避，以防感冒。

四、实训作业

简述剪毛后的羊进行药浴时可用的药液。

实训五　羊的修蹄

一、实训目的

通过实际操作，熟悉羊的正确修蹄方法，为日后羊的修蹄工作打好基础。

二、实训资源

修蹄刀、修蹄剪、碘酒、烙铁。

三、操作方法

1. 修蹄一般在雨后进行，这时蹄质变软，容易修理。

2. 修蹄时，先用修蹄剪或修蹄刀去掉蹄部污垢，把过长的蹄壳削去。再将蹄底的边缘修整到和蹄底一样齐平，开始可多削些，越往后越要少削，一次不可削得太多，当修到蹄底可以看到淡红色时，要特别小心，再削就会出血。

3. 修蹄时若有轻微出血可以涂以碘酒，若出血较多，可用烧红的烙铁猛烙出血部位，注意不要引起烫伤。

4. 修理后的羊蹄，底部应平整，形状为椭圆，以能自然站立为宜。

5. 已经变形的蹄子需要经过几次修理才能矫正。舍饲羊 1～2 个月需要修蹄一次，放牧的羊在放牧前和放牧后各修蹄一次。